インプレス R&D [NextPublishing]

子どもと育てる スマートスピーカー

長村 ひろ 著

技術の泉 SERIES
E-Book / Print Book

スマートスピーカーを子育てに活用！
「知り合おう」「準備しよう」「育てよう」
環境構築と活用事例！

目次

はじめに ……………………………………………………………………………………………… 4

想定している読者 …………………………………………………………………………………… 4

開発環境 ……………………………………………………………………………………………… 5

表記、用語/商品名など……………………………………………………………………………… 5

リポジトリとサポートについて ………………………………………………………………… 5

表記関係と免責事項について ……………………………………………………………………… 6

底本について ………………………………………………………………………………………… 6

第1章　スマートスピーカーのことをよく知ろう ……………………………………………… 7

1.1　スマートスピーカーとの出会いときっかけ ……………………………………………… 7

1.2　利用者（ユーザー）とやりたいことをまとめよう ……………………………………… 10

1.3　各実現方法の違いや特徴を確認しよう ……………………………………………………… 13

    1.3.1　IFTTT 連携の特徴 …………………………………………………………………… 14

    1.3.2　スマートスピーカー用アプリの特徴 …………………………………………… 14

1.4　実装に向けた準備として「台本」を検討しよう ………………………………………… 14

1.5　まとめ ………………………………………………………………………………………… 15

第2章　スマートスピーカーを子育てに活用するための準備をしよう ……………………… 16

2.1　全体構成図 …………………………………………………………………………………… 16

2.2　Google Home の設定・構築 ……………………………………………………………… 17

    2.2.1　Google Home の初期設定をする ………………………………………………… 17

    2.2.2　IP アドレスを固定にする …………………………………………………………… 18

    2.2.3　Google Home の IP アドレスを確認する ……………………………………… 18

    2.2.4　google-home-notifier を設定・構築する ……………………………………… 18

    2.2.5　IFTTT の設定をする ………………………………………………………………… 29

    2.2.6　Google Apps Script（GAS）を Webhook として使う ……………………… 29

2.3　Amazon Echo の設定、構築 ……………………………………………………………… 30

    2.3.1　Amazon Echo の初期設定をする ………………………………………………… 31

    2.3.2　Amazon 開発者アカウントを取得する …………………………………………… 31

    2.3.3　Amazon Web Service（AWS）アカウントを取得する ……………………… 32

    2.3.4　Alexa スキルの作り方の概要を知る ……………………………………………… 32

2.4　まとめ ………………………………………………………………………………………… 33

第3章　スマートスピーカーを育てて子育てに活用しよう …………………………………… 34

3.1　ミルクの量管理システム …………………………………………………………………… 34

    3.1.1　飲んだミルクの量を記録する ……………………………………………………… 34

    3.1.2　最後に飲んだミルクの量と時刻、経過時間を報告する ……………………… 39

    3.1.3　今日1日で飲んだミルクの合計量と1回あたりの平均値、回数を報告する ……45

3.2　緊急地震速報放送システム ･･ 49
　　3.2.1　緊急地震速報が発報されたら放送する ･･･････････････････････････ 49

3.3　連絡やりとりシステム ･･･ 52
　　3.3.1　自宅にいる家族へ連絡する ･･･････････････････････････････････････ 52
　　3.3.2　自宅から外のお父さんへ伝言する ･････････････････････････････････ 62

3.4　トイレトレーニングシステム ･･･ 63
　　3.4.1　お家トイレを記録する ･･･ 64
　　3.4.2　お外トイレを記録する ･･･ 68
　　3.4.3　トイレ結果を確認する ･･･ 71

3.5　好きな番組の放送日・内容確認システム ･･･････････････････････････ 76
　　3.5.1　今日は笑点が放送されるか確認する ･･･････････････････････････････ 76

3.6　お楽しみ足し算ゲーム ･･･ 78

3.7　失敗談 ･･･ 79
　　3.7.1　GASを修正しても反映されない！ ･･････････････････････････････････ 79
　　3.7.2　緊急地震速報の放送機能が使えなくなる！ ･･････････････････････････ 79
　　3.7.3　最後にミルクを飲んでからの経過時間が発話されない！ ･････････････ 79
　　3.7.4　Alexaスキルのリリース申請がなかなか通らない！ ･･･････････････････ 79

3.8　まとめ ･･ 80

第4章　スマートスピーカーを今後も活用しよう ･･･････････････････････ 81

4.1　子どもの成長に合わせて機能を追加する ･････････････････････････････ 81

4.2　かゆいところに手が届くような便利機能を拡充する ･････････････････ 81

4.3　手を出していない領域と連携する ･････････････････････････････････････ 81

4.4　そして ･･ 82

付録 ･･ 83

A.1　ミルクの記録サンプル ･･･ 83
　　A.1.1　Alexaスキル 対話モデル ･･･ 83
　　A.1.2　AWS Lambda 側 ･･ 84

A.2　トイレの記録サンプル ･･･ 88
　　A.2.1　Alexaスキル 対話モデル ･･･ 88
　　A.2.2　AWS Lambda 側 ･･･ 90

A.3　AWS IoT EnterpriseボタンによるDynamoDBへの書き込みサンプル ･･････ 93

A.4　お外トイレ登録サンプル ･･･ 94
　　A.4.1　Alexaスキル 対話モデル ･･･ 94
　　A.4.2　AWS Lambda 側 ･･･ 95

A.5　登録されているメッセージを聞き出すサンプル ･･････････････････････ 97
　　A.5.1　Alexaスキル 対話モデル ･･･ 97
　　A.5.2　AWS Lambda 側 ･･･ 99

A.6　APIGatewayを経由しDynamoDBへ書き込むHTMLフォーム例 ･････････ 101

あとがき ･･ 102

はじめに

この度は本書を手に取っていただきありがとうございます。

皆さんのスマートスピーカーとの出会いはどのようなものだったのでしょうか。これからスマートスピーカーを買うぞ！という方も、発売されてすぐに買って使いこなしているぜ！という方も、買ったはいいがタンスの肥やしにしているよ……という方も、一度はこのスマートスピーカーという無限の可能性を秘めたものに、心惹かれたのだと思います。

筆者は男の子と女の子、二人の子どもたちの子育て真っ最中です。二人の日々の成長を見ていると、子どもは無限の可能性を秘めているなぁと、常々、感心しています。そんな日々の子育てにスマートスピーカーを取り入れ、役立てています。前述のとおり、スマートスピーカー自体も無限の可能性を秘めており、育て方（使い方）ひとつでいくらでも成長できる、もう一人の子どものようにも感じています。

あるWebの記事では、国内で販売されているスマートスピーカーについて、この機種は秘書のような存在、この機種は親友や家族のような存在……といった具合に「個性」があると記述されていました。

そんな無限の可能性を秘め、個性豊かなスマートスピーカーと一緒に日々の生活をもっと楽しんでいけたらと思います。また、本書がそのお手伝いや気づきの一端になれると嬉しいです。

想定している読者

本書では、次のような読者像を想定しております。
・スマートスピーカーが気になるぞ！
・スマートスピーカーを買ったはいいが、すでにタンスの肥やし……
・Google Homeを自発的に発声させられるようにしたが、そこで止まっている……
・AWSが大好きなので、Amazon Echo/Alexaで何かしたい！
・子育て中のお父さん、お母さん
・ITと教育で世の中を変えたい方
次の製品や技術、サービスを利用した経験があると理解が早いですが、なくても特に問題はありません。一緒に楽しみましょう。
・Raspberry Pi
・Node.js
・Google App Scripts（GAS）
・Firebase
・Python

- IFTTT
- Amazon Web Services（AWS）
- AWS Lambda
- Amazon Alexa
- Amazon DynamoDB
- API Gateway
- Twitter
- LINE

開発環境

本書でご紹介している各種システムは、次の機器で開発・運用、確認をしております。
- 開発用コンピューター
  - MacBookPro/w TouchBar（macOS X High Sierra）
  - 自作PC（Windows10）
- 自宅サーバー
  - Raspberry Pi 3（Raspbian 9.3）
- スマートスピーカー
  - Google Home Mini
  - Amazon Echo Dot（/w Alexa SDK バージョン1）
  - Amazon Echo Spot（/w Alexa SDK バージョン1）

表記、用語/商品名など

本書では、特記していない限り、用語や商品名を次のように表記しています

表1: 商品名などの表記

表記	用語／商品名など
Google Home	Goole Home ／ Google Home Mini
Amazon Echo	Amazon Echo ／ Amazon Echo Dot ／ Amazon Echo Plus ／ Amazon Echo Spot
LINE Clova	LINE Clova ／ LINE Clova Friends

リポジトリとサポートについて

本書に掲載されたコードと正誤表などの情報は、次のURLで公開しています。

https://github.com/impressrd/support_smartspeaker

表記関係と免責事項について

　本書に記載されている会社名、製品名などは、一般に各社の登録商標または商標、商品名です。会社名、製品名については、本文中では©、®、™マークなどは表示していません。また、筆者の所属する組織の公式見解ではありません。また、スマートスピーカーを開発・販売している各社とも一切関係ありません。本書に記載された内容は、情報の提供のみを目的としています。したがって、本書を用いた開発、製作、運用は、必ずご自身の責任と判断によって行ってください。これらの情報による開発、製作、運用の結果について、著者はいかなる責任も負いません。

　本書は、2018年5月18日時点で、可能な限り正確な記載になるように努めておりますが、全ての正確性を保証しきるものではありません。よって本書の記載内容に基づいて読者が行った行為、及び読者が被った損害[1]について、筆者は何ら責任を負うものではありません。また、本文中のサンプルスクリプトは、概ね、エラー時の処理がありません。筆者の環境では問題なく動いていますが、何かトラブルがあった際は、ご相談ください。

底本について

　本書籍は、技術系同人誌即売会「技術書典4」で頒布されたものを底本としています

---

[1] スマートスピーカーが壊れた、AWSから目玉が飛び出る程の請求金額が来た……など

第1章 スマートスピーカーのことをよく知ろう

　今でこそ、どこのご家庭にもあるといっても過言ではない……といえるかはさておいて、スマートスピーカーが普及が徐々にはじまっていると筆者は感じています。我が家にも Google Home Mini、Amazon Echo Dot、Amazon Echo Spot、LINE Clover Friends の4機種を配備しています。皆様のご家庭はいかがでしょうか。

　我が家では、このスマートスピーカーを子育てに活用しています。この本ではそのきっかけ、環境構築、活用事例、そして失敗談などについてまとめました。少しでも皆様のご参考になれば幸いです。

1.1　スマートスピーカーとの出会いときっかけ

　2017年秋、Google や Amazon、LINE といった各社からスマートスピーカーが日本国内で発売されました。今でこそ色々と活用していますが、当初はまったく興味を持てませんでした。

「声を出して操作するなんて恥ずかしい」

　これについては、実際にスマートスピーカーの導入を考えられた方なら一度は感じたのではないでしょうか。機械に対して話しかけることに慣れるまでは、本当に小っ恥ずかしかったことを覚えています。そんな小っ恥ずかしさを吹き飛ばしたきっかけをお話しします。

　それは、もうじき3歳になろうとしていた息子を連れてクリスマスプレゼントを探しに、おもちゃも扱う家電量販店へ行った時のことでした。

突然の動作に、びっくりしながらも、自分が話しかけたことに対して反応があったことに息子は大喜びしました。大人には抵抗があるものでも、子どもは易々と受け入れる姿を目の当たりにし、我が家にGoogle Home Miniを迎え入れることが決まった瞬間でした。

　招き入れた当初は、天気予報や好きな音楽、ラジオを聴いたりと新しい機器を導入したことを楽しんでいました。しかし、それはわざわざスマートスピーカーにやらせなくてもよいことにしか使えていなかったのです。

　機器の近くにいかずとも、リモコンを使わずとも、声で音量の調整や選曲といった操作ができるのは便利でした。ただ、Google Home Miniを配置した居間にはオーディオ機器があり、音楽やラジオが聴けるため、次第に、Google Home Miniを使うことが減っていきました。

　当初は喜び、毎日のように話しかけていた息子ですら、見向きもしなくなっていました。「まーた使わないものを買い込んで、何やってのよ」と、妻の冷たい視線を浴びたのもよく覚えています。

　Google Homeは、自分で機能を開発し利用することができると知っていたものの、そもそも何を作ったらいいんだい？と、悩んでいました。

　時を前後して、第二子である娘が生まれました。

　筆者は第一子の息子の頃から、積極的に子育てに取り組んでいます。しかし3年前と現在では筆者自身の仕事内容も変わっており、通勤時間や就業時間の兼ね合いから、子育てへの参画という意味では手薄になっていました。また、上の子がやんちゃ盛りなこともあり、二人分の子育てで妻も疲弊していました。たとえば、新生児は2～3時間おきに母乳ないしミルクを飲むものですが、毎日繰り返されるその営みで、前回あげたのはいつだったのか、どのくらいあげたのかがわからなくなってしまうことが多々ありました。

　さらに、いうまでもなく赤ちゃんは会話ができません。できることと言ったら泣いて何かしらの不快な状態である旨を伝えることだけです。この泣いているのは、お腹が空いているからなのか？寒いからなのか？それとも暑いからなのか？オムツが気持ち悪いのか？はたまた別の事象なのか？一部を除いて分かりづらいものです。

　これが、子どもが一人であれば、授乳後にメモ帳や日記帳、アプリなどに記録することも可能ですが、3歳の誕生日を間近に控えていた息子がいる状況だと簡単にはいきませんでした。

　「手が空かないなら、声でメモれるようにすればいいじゃない」

　どこかの国のお姫様が言い出しそうなセリフが頭に浮かんできたのはいうまでもありません。これが、スマートスピーカーを子育てに活用しようと考えた第一歩でした。

1.2　利用者（ユーザー）とやりたいことをまとめよう

　というわけで、タンスの肥やしになりかけていたスマートスピーカーを子育てに活用することにしました。メインユーザーであるところの妻とブレストを行い、やりたいことの抽出、つまり、要件定義を進めました。当時、自宅に配備されていたスマートスピーカーは、Google Home Miniのみだったため、Google Homeをベースにした活用の検討を進めました。

　以下はブレストの結果です。

・手が塞がっている時に、ミルクの記録を取りたい

・記録を取るだけではなく、最後にあげた時間や量を確認したり、1日の振り返りをしたい

・声を出せない、出しづらい時にも記録できる仕組みがあると嬉しい

・可能ならば娘に関する機能だけではなく、息子に関する機能もつけてほしい。たとえばトイレトレーニングとか……

・お父さんが帰ってくるのを子どもたちに知らせてあげる機能もあるとよいかも

・逆に子どもたちからお父さんに対してメッセージを飛ばせられないだろうか

・これらを全て、極力、簡単に。できれば、「ねぇ、ぐーぐる」も言いたくない

　上記の結果で、一番キモとなるのは「これらを全て、極力、簡単に」というキーワードです。

　なぜ、一番キモになるのか。それは開発者の都合ではなく、実際に利用することになる妻や子どものことを考えないとならないからです。実装上どうにもならない仕様以外は、ユーザー目線での設計・開発を優先させることにしました。

　一時期流行った、**User Experience（UX）**です。

　続いて、やりたいことをそれぞれ掘り下げて基本設計を実施していきました。

手が塞がっている時にミルクの記録を取りたい

・母乳、粉ミルクを問わず、子どもが飲んだ量を記録

・そのタイミングをもって、飲み終わった時刻として記録（自分で何時何分といわない）

記録を取るだけではなく、最後にあげた時間や量を確認したり、1日の振り返りをしたい

・最後にあげた時間や量を確認

　—最後にあげた時刻および飲んだ量を取得

　—取得した時刻と現在時刻の差を計算し、経過時間を算出

・1日の振り返りをしたい

　—今日1日分の飲んだ量、回数を取得

　—取得した回数と量から1回あたりの平均値を算出

声を出せない、出しづらい時にも記録できる仕組みがあると嬉しい

・夜中など声で登録しづらい場合の代替の記録機能を用意

　—Google Assistantアプリから登録できるように設定

——自宅サーバーに登録用フォームを作成しWebブラウザから登録

可能なら娘だけではなく息子も参加できる機能をつけてほしい。トイレトレーニングとか……
- ・トイレなどトレーニングの成果を記録
- ・親以外からも誉めてもらう嬉しさを子どもに味わってもらえるような応答
- ・色々なことに興味を持てるように声以外の登録方法も用意

お父さんが帰ってくるのを子どもたちに知らせてあげる機能もあるとよいかも
- ・自宅にいる子どもたちに伝えられるように任意の言葉をスマートスピーカーに発話（※基本設計当時、夜になると「おとぅ、かえるー？まだー？まだー？まだー？」と、息子が妻に問いかける毎日でした。）

逆に子どもたちからお父さんに対してメッセージを飛ばせられないだろうか
- ・筆者に直接問いかけられるように、自宅の子どもたちが話しかけた内容をスマートフォンなどに通知（※「電話があるでしょ」というツッコミは、3歳児相手なので大目に見てやってください（笑）ただし、これもClova Friendsを導入したことで多少は解消されました。）

これらを全て、極力簡単に。できれば、「ねぇ、グーグル」も言いたくない
- ・極力、やりたいことを話しかければ完結するように各機能を実装
- ・しかし、調査の結果、現状はウェイクワード（「ねえ、グーグル」などのキーワード）を完全に省略することは不可

ブレスト結果のキモとなる点でとあるとお伝えしていたとおり、メインユーザーである妻と息子のことを考え、この要件を重点的に掘り下げようとしました。

　さて、この「ねぇ、グーグル」とは何か。

　スマートスピーカーの利用にあたっては、ウェイクワードと呼ばれる「これからキミに話しかけるんだよー聞いてー」というお決まりの文言があります。それが、Google Homeでは「ねぇ、グーグル」や「OK, Google」に該当します。この文言を話しかけることで、スマートスピーカーは動作することができるのです。

　つまり、「ウェイクワード」は必須であるため、残念ながら「できれば"ねぇ、ぐーぐる"を言いたくない」という希望は叶えられませんでした。

　参考までに、執筆時点で流通している主なスマートスピーカーのウェイクワードを列挙します。

第1章　スマートスピーカーのことをよく知ろう　11

表1.1: ウェイクワード一覧

種別	ウェイクワード
Google Home	Ok, Google（オーケイ、グーグル）／ねぇ、Google（ねぇ、グーグル）
Amazon Echo	Alexa（アレクサ）／Echo（エコー）／Amazon（アマゾン）／Computer（コンピューター）
LINE Clova	Clova（クローバ）／ねぇ、Clova（クローバ）／Jessica（ジェシカ）
Apple HomePod	Hey, Siri（ヘイ、シリ）

　前述のとおり、本書執筆時点で我が家には、Google Home Mini、Amazon Echo Dot、Amazon Echo Spot、LINE Clova Friendsの3種類4台のスマートスピーカーが配備されています。このうち、Google Home Mini、Amazon Echo Spot以外の2台についてはアクションボタンと呼ばれるスイッチが用意されています。このスイッチを押すと、ウェイクワードを話しかけたのと同等の待ち受け状態に遷移します。

　この機能は非常に便利で、お話がまだうまくできない幼い子どもでも、スマートスピーカーを扱いやすくなります。また、店舗などに配備する場合でも、お客さんが「アレクサ、トイレはどこ？」といった感じにウェイクワードを使う必要がなくなります。

　Google Home Miniも元々は本体中央あたり（動作中を示すLEDがあるあたり）を長押しすると同様の動作をしていました。しかし、2017年10月7日頃のアップデートで、本体中央あたりの長押しをトリガとする機能が残念ながら削除されてしまいました。ちなみに、MiniではないGoogle Homeであればこの機能は存在します。

　次に、スマートスピーカーを使ったシステム構成のパターンはいくつかありますが、この点からも、扱いや実装の容易性を見ていきました。

図1.1: IFTTTとの連携の例

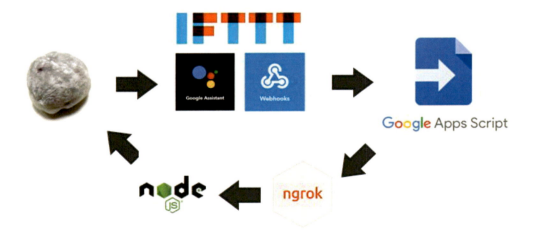

図 1.2: Actions on Google の例

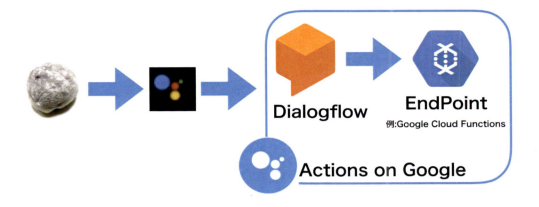

図 1.3: Alexa スキルの例

　上図のフローのとおり、IFTTT[1]などとの連携や Actions on Google や Alexa Skills Kit などで作成したスマートスピーカー用アプリを利用するのが一般的です。

1.3　各実現方法の違いや特徴を確認しよう

　次に IFTTT と連携した場合とスマートスピーカー用アプリを自作した場合を比較しました。

表 1.2: IFTTT 連携とスマートスピーカー用アプリの比較

比較内容	IFTTT 連携	スマートスピーカー用アプリ
構築・設定・実装	易しい	若干難しい
対話型	難しい	易しい
声色	基本的に Google 翻訳などのもの。変更も可能	基本的にスマートスピーカー標準のもの。変更も可能
動作	若干遅い	速いことが多い
その他	自宅サーバー運用が必要になることがある	基本的にはクラウド上で完結する

1.IFTTT とは if this then that（もし、これなら、あれ）のことで、アプレットと呼ばれるルールを設定しさまざまな Web サービス同士を連携できるサービス（https://ifttt.com/）

つづいて、それぞれの特徴をまとめました。

1.3.1 IFTTT連携の特徴

- 構築・設定・実装がスマートスピーカー用アプリと比較してとても簡単にできる
  - —Google Apps ScriptなどWebHook部分のみを作り込めば色々なことができる
  - —「対話型」のVUI（Voice User Interface）は実装し難い
- 出力される声はスマートスピーカー標準のものではなく、Google翻訳などのTTS[2]のもの
  - —使用するTTSの連携先を変えることで好きな声色にすることもできる
  - —マイクロソフト エヴァンジェリストのちょまどさん[3]は、VoiceText Web API[4]を活用
  - —筆者は、OpenJTalk[5]を用いて初音ミクの声を使うこともある
- さまざまなWebサービスを駆け回るので、呼びかけてから声が返ってくるまで時間がかかる
- 使い方によっては、自宅サーバーの運用が必要になる

1.3.2 スマートスピーカー用アプリの特徴

- 構築・設定・実装は、IFTTTなどとの組み合わせと比較すると難しい
  - —難しい分、より高度なことができる
  - —「対話型」のVUIを仕込むのであれば、こちらの組み合わせが自然な会話に近くできる
- しっかりと作り込めばアプリとしてリリースすることができる
- 出力される声は基本的にスマートスピーカー標準のもの
  - —別途、TTSなどで音声ファイルを作成し使用すれば、声色は変えられる
- IFTTTなどとの組み合わせと比較した場合、呼びかけてからの処理が速いことが多い
- ユーザーが明示的に終了を宣言しないと数分間は待ち受け状態になるため、その間に拾った声で誤動作する

1.4 実装に向けた準備として「台本」を検討しよう

スマートスピーカーは声で操作し、声や音で結果が返ってきます。つまり、Voice User Interface（VUI）であり、従来のGraphical User Interface（GUI）やCharacter User Interface（CUI）、Command Line User Interface（CLI）といった各種ユーザーインタフェースとは入出力が異なります。そのため、スマートスピーカーとのやり取りを台本として検討する必要があります。

本書記載の事例は、「対話」ではなく「一方的な指示」になっているため、台本にする必要はありません。しかし、どんな内容でどんな風に伝えるかを考えることにより、ユーザーが嬉しくなる機能を提供できると考えます。

2.TTSとは、TextToSpeechの略。文字列を読み上げ音声に変換する技術

3. ちょまどさんのTwitter：https://twitter.com/chomado

4.VoiceTextWebAPI：https://cloud.voicetext.jp/webapi

5.OpenJTalk：http://open-jtalk.sourceforge.net/

後ほどご紹介する子どもが最後にミルクを飲んだ時間や量を呼び出す機能を例にします。

図1.4: 最後のミルクの台本

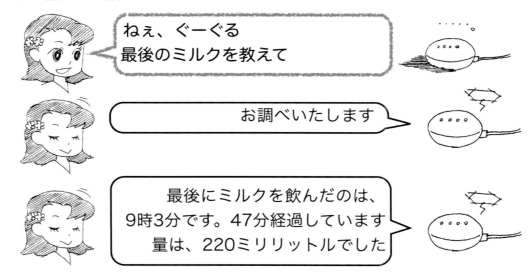

このように利用者（ユーザー）とスマートスピーカーのやり取りを機能ごとにまとめ、実装へと繋げていきました。

1.5 まとめ

本章では次について述べました。
・子どもはスマートスピーカーに対して抵抗なく話しかけられる
・スマートスピーカーを買っただけでは、飽きて使わなくなる
・機種にもよるが、スマートスピーカーは機能を追加できる
・子育てにスマートスピーカーは使える
・実際に使うメインユーザーとやりたいことをまとめる
・実際に使うメインユーザーを意識して設計する
・スマートスピーカーはウェイクワード話しかけることで動作する
　—機種によっては「アクションボタン」の押下でウェイクワードをいわないで済む
・IFTTT連携とスマートスピーカー用アプリそれぞれの違い、得意不得意
・これまでのユーザーインタフェース設計とは異なる手法として台本作成を行う

第2章 スマートスピーカーを子育てに活用するための準備をしよう

　本章では子育てに活用するための準備として、我が家で実際に運用しているスマートスピーカーの環境と、その構築についてまとめています。子育てに限らず、スマートスピーカーの活用や応用にも参考になるでしょう。

2.1 全体構成図

　以下は、我が家で実際に運用している各リソースを簡単に図示したものです。

図2.1: Google Home 構成図概要

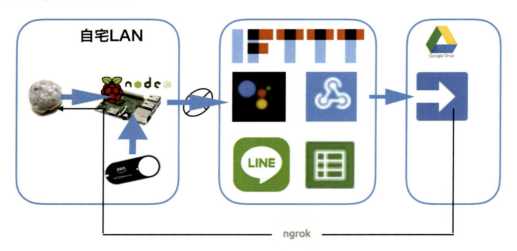

図2.2: Amazon Echo構成図概要

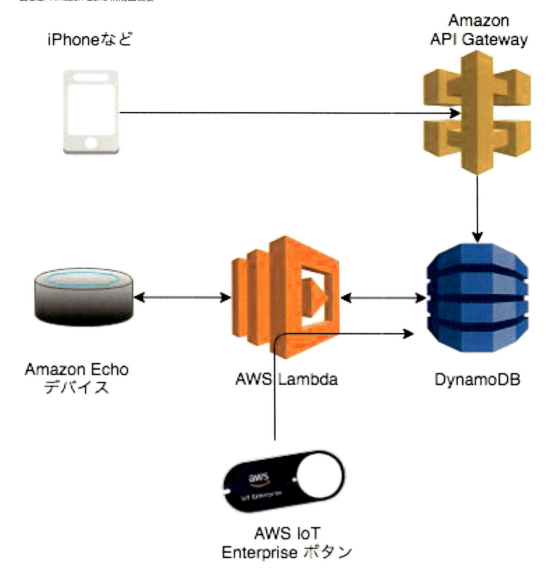

2.2 Google Homeの設定・構築

2.2.1 Google Homeの初期設定をする

Wi-Fiに接続し、Googleアカウントと紐付けられている状態にします。

たとえば、「ねぇ、ぐーぐる。今日の天気を教えて」と話かけて、天気を伝えてくれるようになっている状態です。

1．買ってきたGoogle Homeを箱から出し、電源に接続する

2．iPhoneもしくはAndroidスマートフォン向けのGoogle Homeアプリをインストールする

3．インストールしたGoogle Homeアプリを起動する

4．画面の指示にしたがって、Google Homeの設定を行う

5．設定が完了したら、「ねぇ、ぐーぐる。今日の天気を教えて」と話しかける

6．「（地域の名称、横浜など）の天気は、晴れ時々…」のように教えてくれればOK

2.2.2 IPアドレスを固定にする

Google Homeは、無線LANルータから、DHCP（Dynamic Host Configuration Protocol）で動的にIPアドレスを割り当てられます。この状態では、環境によってGoogle Homeが再起動する度にIPアドレスが変わってしまう可能性があります。たとえば、設置場所を変えるために電源を抜き移動した場合などです。これではIPアドレスが変わる度に環境設定を変更する必要が出てきます。

そこで、可能であれば無線LANルータ側の設定でGoogle HomeのIPアドレスを固定にしてください。ご使用の無線LANルータによって設定方法が異なるため、無線LANルータの管理画面[1]や付属マニュアルをご参照ください。

2.2.3 Google HomeのIPアドレスを確認する

次の手順でGoogle HomeのIPアドレスを確認します。ここで確認したIPアドレスは、以降の設定で必要になります。

1．iPhoneやAndroidスマートフォンのGoogle Homeアプリを起動する

2．画面左上にある、ハンバーガーメニュー（≡）をタップする

3．「デバイス」をタップする

4．確認したいGoogle homeのアイコンの右上にある「…」をタップする

5．「設定」をタップする

6．「Wi-Fi」をタップする

2.2.4 google-home-notifierを設定・構築する

google-home-notifierというNode.jsのモジュールを使うことで、Goole Homeに任意の言葉を発話させることができます。ちょっと試すだけであれば、自宅のパソコンにNode.jsをインストールしてから、google-home-notifierをセットアップするだけでOKです。日常的に使うのであれば、Raspberry piなどにインストール・セットアップしてください。もちろん、一部のご家庭にはご自宅用のサーバーが運用されていると思いますので、そちらでどうぞ！

我が家では、Rasberry pi 3で運用しております。以降、この環境でのインストール・セットアップの流れを簡単に説明します。ただし、Raspberry pi自体のセットアップは割愛します。

---

1. バッファローの無線LANルータの場合は、デフォルトでは http://192.168.11.1/

Node.jsをインストールし、最新化する

　筆者の環境のRaspberry piは、すでにセットアップ済みでした。しかし、いささかバージョンが古かったので、Node.jsの最新化を行いました。

　次のような手順でNode.jsの最新版をインストールします。合わせて、Node.jsのパッケージマネージャである、Node Package Manager（npm）も最新化します。

```
sudo apt-get update
sudo apt-get install -y nodejs npm
```

　次にnpmのキャッシュをお掃除（clean）して、Node.jsのバージョン管理や切り替えを行うための「n」をインストールします。そして、「n」でNode.jsの最新安定版（stable）を指定してインストールします。

```
sudo npm cache clean
sudo npm install npm n -g
sudo n stable
```

　インストールが完了したら、次のコマンドでバージョンを確認します。これは筆者の環境での実行結果です。

```
node -v
v9.4.0
npm -v
5.6.0
```

　インストールする環境がRaspberry pi以外であれば、rpmやyum、Windowsインストーラなど、環境に適合した手段で設定を行ってください。

google-home-notifierをインストールする

　Node.jsの準備ができたら、次にgoogle-home-notifierのインストールを行います。まず、単にインストールするだけであれば、次のコマンドを実行するだけです。

```
npm install google-home-notifier
```

　しかし、今回はIFTTTなどの外部サービスと連携する必要があるので、以下を実行します。

```
git clone https://github.com/noelportugal/google-home-notifier
cd google-home-notifier
```

　Raspberry piの場合は、次のコマンドを実行して必要なパッケージをインストールします。

```
sudo apt-get install git-core libnss-mdns
libavahi-compat-libdnssd-dev
```

　さらに、Raspberry piの場合は、このままインストールしても**mdns**[2]のモジュールのインストールエラーが発生したり、起動時に警告メッセージが表示されたりします。このまま使えなくはないのですが、これらのエラーを回避するため、package.jsonに設定を行います。

　"**mdns**"と記載のある行を次のように、**mdns-js**へ置き換えます。

```
（省略）
"mdns": "^2.3.3",
　↓
"mdns-js": "^1.0.1",
（省略）
```

　package.jsonファイルの編集が完了したら、次のコマンドでgoogle-home-notifierをインストールします。

```
$ npm install

> ngrok@2.3.0 postinstall
/home/pi/test_techbook/google-home-notifier/node_modules/ngrok
> node ./postinstall.js

ngrok - unpacking binary
ngrok - binary unpacked to
/home/pi/test_techbook/google-home-notifier/node_modules/ngrok/bin/
ngrok
npm notice created a lockfile as package-lock.json. You should
commit this file.
npm WARN google-home-notifier@1.2.0 No repository field.

added 141 packages in 28.038s
```

　インストールが完了したら、google-home-notifierでmdns-jsを使用するように、google-home-notifier.jsファイルを編集します。

```
var Client = require('castv2-client').Client;
var DefaultMediaReceiver =
```

2.Github（https://github.com/noelportugal/google-home-notifier#after-npm-install）記載の手順でも上手くいかなかったので、苦肉の策でmdnsモジュールを変更しました。ちなみに、mdnsとは、ローカルネットワーク内の機器をDNSサーバーなどを介さずに自動的に発見するための仕組みです。

20　　第2章　スマートスピーカーを子育てに活用するための準備をしよう

```
require('castv2-client').DefaultMediaReceiver;
// ↑↑ここまで変更なし↑↑
// mdns-jsを使いますよという宣言をします。
var mdns = require('mdns-js');
var browser = mdns.createBrowser(mdns.tcp('googlecast'));
（省略）
```

　また、2箇所ある、**browser.stop()**をそれぞれ、2行ずつ上に移動させます。次の例の行番号は、執筆時点での**google-home-notifier.js**をベースにしています。取得時期やその他の事象により番号が変わることがありますが、前後のコードを確認して編集してください。

1箇所目

```
34:        getSpeechUrl(message, deviceAddress, function(res) {
35:          callback(res);
36:         });
37:        browser.stop();//ここに移動
38:      }
39:     //browser.stop();//ここから移動
40:    });
```

2箇所目

```
54:        getPlayUrl(mp3_url, deviceAddress, function(res) {
55:          callback(res);
56:         });
57:        browser.stop();//ここに移動
58:      }
59:     //browser.stop();//ここから移動
60:    });
```

　以上の作業が完了したら、起動するかを確認します。次のように表示されたらOKです。もし、うまく起動しない場合は、最初から見直したり、Web上のgoogle-home-notifierに関する記事を参考にするなどしてください。

```
$ node start example.js

Endpoints:
    http://192.168.1.20:8091/google-home-notifier
    https://xxxxx.ngrok.io/google-home-notifier
GET example:
curl -X GET
https://xxxxx.ngrok.io/google-home-notifier?text=Hello+Google+Home
```

第2章　スマートスピーカーを子育てに活用するための準備をしよう　　21

```
- to play given text
curl -X GET
https://xxxxx.ngrok.io/google-home-notifier?text=http%3A%2F%2F
domain%2Ffile.mp3 - to play from given url
POST example:
curl -X POST -d "text=Hello Google Home"
https://xxxxx.ngrok.io/google-home-notifier - to play given text
curl -X POST -d "http://domain/file.mp3"
https://xxxxx.ngrok.io/google-home-notifier - to play from given
url
```

google-home-notifierで日本語を話せるように設定する

　google-home-notifierの起動に成功したら、日本語で話せるように設定を行います。まずは、起動確認で使用した「example.js」を編集します。

　変更箇所は次のとおりです。

【必須の項目】

・ip

　―Google HomeのIPアドレスを指定します。「2.2.2 IPアドレスを固定にする」で説明したように、ここで固定にしたIPアドレスを使用します。ここでは、**192.168.11.101**といった記載します。

・language

　―Google Homeが話すようにしたい言語を指定します。今回は日本語なので「**ja**」と指定します。修正箇所は2箇所あります。

【任意の項目】

・deviceName

　―Google Homeの名前を指定します。標準では、**Google Home**が指定されています。そのままでも問題ありませんが、変更してもOKです。筆者の環境では、台所に配備する予定だったので「キッチン」と指定しています。

・serverPort

　―google-home-notifierが使用するポート番号です。標準では**8091**を使用します。複数起動する場合や何らかの制約がなければそのままで構いません。本書では、**8091**のまま記載しています。

google-home-notifierを動作確認する

　ここまでの設定が完了したら、Google Homeで任意の発話ができるかを確認します。

google-home-notifierを起動させ、表示されるエンドポイントに対して、curlコマンドでリクエストを飛ばすのがオススメです。次のコマンドを入力してください。

```
$ curl -d "text=これはテストです" -X POST
http://192.168.11.101:8091/google-home-notifier
```

　設定が正しく行われており、リクエストも正常に処理されたら、Google Homeから「これはテストです」とちょっと変わった声で発話が行われます。
　うまくいかない場合は、最初から設定を見直すなどをしてください。

google-home-notifierを常時起動化する

　google-home-notifierのインストールが完了したので、次は、google-home-notifierが常時起動するように設定します。常時起動化することで、OSの再起動時や不測のトラブルによるgoogle-home-notifierの停止が発生しても、自動的に再起動が行われます。
　まずは、Node.jsの常時起動化（永続化）モジュールである、foreverをインストールします。

```
sudo npm install -g forever
```

　foreverをインストールできたら、OS起動時にgoogle-home-notifierも起動できるように、/etc/rc.localに次のような追記をします。
　この例では、Raspberry piのOS（Raspbian）の標準一般ユーザーであるpiが実行するように指定しています。ユーザー名を変更している場合や別のユーザーで実行する場合は、適宜変更してください。また、nodeやforeverの格納先が次の例と異なる場合があります。その場合は、「which node」や「which forever」を実行してください。

```
#これより上は省略。末尾のexit 0より上の位置に追加する。
sudo -u pi /usr/local/bin/node /usr/local/bin/forever start -p
/var/run/forever --pidfile /var/run/node-app.pid -l
/home/pi/google-home-notifier/out.log -a -d
/home/pi/google-home-notifier/example.js

exit 0
```

　/etc/rc.localへの設定変更が完了したら、OSを再起動します。再起動完了後、google-home-notifierが起動していれば問題ありません。

```
$ sudo shutdown -r now
#
#再起動完了を待ち、完了後、 ssh で接続する
```

第2章　スマートスピーカーを子育てに活用するための準備をしよう　23

```
#
$ forever list
```

　forever実行後の出力結果にgoogle-home-notifierの情報が表示され、常時起動化が完了しました。

google-home-notifierのアクセスURLを自動特定化する

　google-home-notifierの設定も終盤です。google-home-notifierはngrok[3]というサービスを活用して、外からの発話リクエストをローカルなネットワークへ伝達できるようにしています。しかし、ngrokの無料枠の場合は、起動する度にURLが変わってしまいます。外部からのリクエストの際に、このURLを取得する手立てする必要があります。

　そこでgoogle-home-notifier起動時に、外部からのリクエストを行う機能が参照できる場所に、URLを登録します。

【例】
・Googleスプレッドシートへ書き出す
・Firebaseへ書き出す

　どちらの例でも、google-home-notifierの起動スクリプトを改変して、URLの取得からURLの書き出し、の動作を実装します。本書では、我が家でも活用しているGoogleスプレッドシートへ書き出す方法を紹介します。

Googleスプレッドシートを操作するためにAPIを有効化する

　Googleの外部からGoogleスプレッドシートを操作するには、Google APIの認証キーが必要になります。まず最初にこのAPIを有効化します。

1．Developers Console（https://console.developers.google.com/）にアクセスします。
2．プロジェクトを選択するか、プロジェクトが存在しない場合は、任意の名前で新規に作成します。
3．今回はスプレッドシートを操作するので、Google Sheets APIを有効化します。

認証キーを取得し、google-home-notifierを実行するサーバーへ転送する

　有効化したAPIの認証キー（認証情報）を取得し、google-home-notifierを実行するサーバーへ転送します。

1．APIを有効化したプロジェクトで**[認証情報]**といった記載のあるリンクやボタンをクリックして、認証情報の画面へ遷移します。

---

3. 自宅サーバーなどローカルな環境に対して、インターネットからアクセスできるようにするサービス（https://ngrok.com/）

2．[**認証情報を作成**]ボタンをクリックすると、作成する認証情報の種別が表示されます。今回は、google-home-notifier起動時にスプレッドシートの編集を行うため、[**サービスアカウントキー**]を選択します。

3．サービスアカウントキーの作成画面へ遷移したら、割り当てるサービスアカウントを選択します。もし、存在しない場合は、任意の名前で新規に作成します。

4．キーのタイプは[**JSON**]を選択します。

5．[**作成**]ボタンをクリックすると、認証キーのダウンロードが行われます。

6．ダウンロードした認証キーをgoogle-home-notifierを実行するサーバーへ転送します。

7．認証情報の画面から[**サービスアカウントの管理**]リンクをクリックします。

8．プロジェクトと紐づいているサービスアカウントのサービスアカウントIDが表示されるので、それを控えておきます。

URL登録先のGoogleスプレッドシートを格納し、共有設定とファイルの管理IDを取得する

作業する場所をGoogleドライブへ移動します。外部からのリクエスト用URLを記録するGoogleスプレッドシートを用意し、設定します。

1．Googleドライブの任意の箇所にスプレッドシートを作成します。中身は空っぽでOK。ファイル名も任意のもので構いません。

2．ファイルを右クリックして、[**共有**]メニューを選択します

3．[**ユーザー**]の欄に認証キーを取得する際に控えておいた「サービスアカウントID」を指定します。権限は、「編集者」としてください。

4．[**共有可能なリンク**]から共有用のリンクを表示させます。次のURLの「xxxxx」の部分を控えておきます。

```
https://docs.google.com/spreadsheets/d/xxxxx/
```

google-home-notifierスクリプトでのURL取得→URL書き出しを設定する

google-home-notifierの設定、最後の項目です。google-home-notifierのスクリプトを修正し、起動時に外部からのアクセス用URLをスプレッドシートに記録するようにします。

まずは、Node.jsでGoogle Spreasheetを扱うためのモジュール（google-spreadsheet）をインストールします

```
$ npm install npm i google-spreadsheet
```

次に、google-home-notifierのスクリプトでGoogleスプレッドシートを扱えるように、次のように修正します。

```javascript
var express = require('express');
var googlehome = require('./google-home-notifier');
var ngrok = require('ngrok');
var bodyParser = require('body-parser');
// ↑↑ここまでは変更なし↑↑

//追加1：  google-spreadsheet モジュールを使いますよと、宣言します
var googleSpreadSheet = require('google-spreadsheet');

//追加2：  記録先の スプレッドシート のリンクを指定する。控えておいた xxxxx を埋め込みます
var inboundUrlFile = new googleSpreadSheet('xxxxx');

//追加3：  Google スプレッドシート を操作するAPIの認証キーの場所はここだよと指定します。
var credentialKeyFile = require('./GoogleHomeNotifierKey.json');

// 追加4：  このファイル(inboundUrlFileで指定した' xxxxx' のファイル)のシートを認証
キー(credentialKeyFileで指定した情報)使いますよと、宣言します。
var urlRecordSheet;
inboundUrlFile.useServiceAccountAuth(credentialKeyFile,
function(err){
    inboundUrlFile.getInfo(function(err, data){
        urlRecordSheet = data.worksheets[0];
    });
});

(後略)
```

　そして、起動時に生成される外部からのアクセス用URLを取得して、Googleスプレッドシートへ記録するように修正します。**app.listen**の部分を次のよう変更にします。

```javascript
app.listen(serverPort, function () {
  ngrok.connect(serverPort, function (err, url) {
    console.log('Endpoints:');
    console.log('    http://' + ip + ':' + serverPort +
'/google-home-notifier');
    console.log('    ' + url + '/google-home-notifier');
    console.log('GET example:');
    console.log('curl -X GET ' + url +
'/google-home-notifier?text=Hello+Google+Home');
    console.log('POST example:');
    console.log('curl -X POST -d "text=Hello Google Home" ' + url
+ '/google-home-notifier');
```

```
    // ↑↑ここまでは変更なし↑↑

    // URL 記録用ファイルのシートの使いたい範囲（一番左上（A1））を指定します。
    urlRecordSheet.getCells({
        'min-row': 1,
        'max-row': 1,
        'min-col': 1,
        'max-col': 1,
        'return-empty': true
    }, function(error, cells) {

        //「範囲」なので、0番目のセル=A1を指定します。
        var cell = cells[0];

        // 外部アクセス用 URL を指定セル（A1）に設定します。
        cell.value = url + '/google-home-notifier';

        // 保存を行います。
        cell.save();
    });
  });
})
```

これで、外部からのリクエスト用URLが常に最新になり、OSの再起動時や不測のトラブルの際、google-home-notifierの再起動が発生しても安心です。

google-home-notifier外部アクセスURLを使う

最後に、この記録した外部アクセス用URLを取得する方法について解説します。構成図は3章以降でまとめていますが、筆者の環境では、Google Apps Script（GAS）を用いてシステムを構築しています。そこで、GASでの取得の仕方について紹介します。

まずは、外部アクセス用URL記録用のスプレッドシートからURLを取得する処理です。

```
function getNgrokUrlBySheet(){
    // 外部アクセス用URL記録先の スプレッドシート のリンクを指定。控えておいた xxxxx を埋
め込む
    var ngrokSheetId = "xxxxx";

    // 参照するファイルのシート名を指定する
    var ngrokSheet =
SpreadsheetApp.openById(ngrokSheetId).getSheetByName("url");
```

第2章　スマートスピーカーを子育てに活用するための準備をしよう　27

```
  // 一番左上 (A1) のセルに記録されている値を取得する
  var url = ngrokSheet.getRange(1, 1).getValue();

  // 呼び出し元に URL を返す
  return url;
}
```

　次に、メインの処理で生成した発話の内容と、取得した外部アクセス用URLを使って
google-home-notifierへリクエストを送信する処理です。メインの処理部分は3章で説明しま
す。処理の流れは、メインの処理→外部アクセス用URL取得処理＋リクエスト送信処理となっ
ています。

```
doPost(){
  // 発話させたい内容を埋め込む処理 (3章で紹介)
  // 使い方の参考情報のため我が家での構成と若干異なります
  msg = lastMilk();

  // リクエスト送信処理の引数 (処理に渡す情報) に発話内容と前述のURL取得処理を指定する
  postMsg(msg, getNgrokUrlBySheet());
}

function postMsg(msg, url){
  // 発話内容を指定する
  var payload =
  {
    "text" : msg
  };

  // google-home-notifierへのリクエストのやり方と発話内容を指定する
  var params =
  {
    "method" : "post",
    "payload" : payload
  };

  // 取得した外部アクセス用 URL に対してリクエストを送信する
  UrlFetchApp.fetch(url, params);
}
```

2.2.5　IFTTTの設定をする

ここは難しくありません。簡単に説明します。まずIFTTTのアカウントを取得します。

1．https://ifttt.com/ へアクセスする
2．[Get Started]のボタンをクリックする
3．GoogleもしくはFacebookアカウントでの認証を行う
4．サインインに成功したら初期設定は完了なので、連携を開始する。

アカウント名のプルダウンメニューからNew Appletを選択するトリガーとアクションの組み合わせである**アプレット**を作成することができます。

IFTTTとスマートスピーカーの連係機能（トリガー）のうち、実際に活用しているGoogle Home（Google Assistant）向けのものは次のとおりです。

表2.1: Google Home（Google Assistant）のIFTTTトリガー

トリガー名	説明	使い方
Say a simple phrase	**決まった言葉**で連携したい場合に使います。	「ねぇ、ぐーぐる。**パソコンつけて**」というと、パソコンの電源をつける機能に連携させます。
Say a phrase with a number	**決まった言葉**と任意の数値で連携したい場合に使います。	「ねぇ、ぐーぐる。**ミルク150**」というと、ミルクの量を記録する機能に連携させます。
Say a phrase with a text ingredient	**決まった言葉**と任意の言葉で連携したい場合に使います。	「ねぇ、ぐーぐる。**テレビをつけて/けして**」というと、テレビをつけたり消したりする機能に連携させます。
Say a phrase with both a number and a text ingredient	**決まった言葉**と任意の言葉や数字で連携したい場合に使います。	「ねぇ、ぐーぐる。**みかんを10個買ったよ**」というと、買い物内容を記録する機能に連携させます。

この他にも、Amazon Echo（Amazon Alexa）向けのトリガーや、LINE Clovaに通知させるトリガーが用意されています。

2.2.6　Google Apps Script（GAS）をWebhookとして使う

Google Homeに話しかけた内容は、IFTTTが取得し、指定したアクションで処理をします。Google Homeに処理結果などを発話してもらうにはWebhook[4]というアクションを使います。本書でのWebhookは、Google Apps Script（GAS）のウェブアプリケーション機能を使用しています。この機能によって、IFTTTからのWebhookに対するリクエストを受け、さまざまな処理を行います。そして、結果をgoogle-home-notifierへ送ります。

それでは、GASのWebhook機能である、ウェブアプリケーション機能の設定方法についてお伝えします。（繰り返しになりますが、詳細は3章で解説します。）

1．Webhookとして処理するスクリプトを開く

---

4. イベント発生時（例：指定した内容をGoogle Homeに話しかけた）、指定したURLにリクエストを送信する仕組みのこと。

２．メニューバーの[公開]を公開する

３．[ウェブアプリケーションとして導入...]を選択する

４．プロジェクトバージョンを[新規作成]と指定する

５．[導入]ボタンをクリックする

６．[承認が必要です]というポップアップが表示されるので、[許可を確認]ボタンをクリックする。

７．[アカウントの選択]画面が表示されるので、利用するGoogleアカウントを選択する。

８．[このアプリは確認されていません]と警告を受けますが、左下にある[詳細]リンクをクリックする。

９．「Googleではまだこのアプリを確認していないため...」といった文章が表示されるが、これを無視し、[xxxxx（安全ではないページ）に移動]のリンクをクリックする。（xxxxxはスクリプト名（プロジェクト名））

１０．xxxxxがGoogleアカウントへのアクセスをリクエストしています」の画面に遷移するので、スコープの許可対象として、「外部サービスへの接続」が表示されていることを確認する。※スクリプト内で使用するものによっては他のものも表示されることがある。

１１．[許可]ボタンをクリックする。

１２．完了すると、画面が切り替わり、[現在のウェブ アプリケーションのURL]が表示される。

このURLを、IFTTTのWebhookアクションのURLに指定すればOKです。

機能追加などスクリプトの改造や修正を行った際は、次の流れで最新化します。

１．Webhookとして処理するスクリプトを開く

２．メニューバーの[公開]を公開する

３．[ウェブアプリケーションとして導入...]を選択する

４．プロジェクトバージョンを[新規作成]と指定する

５．[更新]ボタンをクリックする

注意するべきポイントは、手順4のプロジェクトバージョンです。機能追加などスクリプトの改造や修正を行った際も、常に[新規作成]を選択してください。せっかくの修正が反映されません。

2.3　Amazon Echoの設定、構築

現在はAmazon Echoは誰でも入手することができます。しかし、当初はAmazonから招待を受けたユーザーしか購入できませんでした。筆者は2017/11/8に招待リクエストを送りましたが、招待メールが届いたのは2018/2/15でした。ほぼ3ヶ月待ったことになります。

1章でお伝えしたとおり、Amazon Echoでも、Google Homeと同様にIFTTT連携、スマートスピーカー用アプリ（Alexaスキル）で機能追加が行えます。本書では、筆者が実際に体験した内容をベースに記載しているので、Amazon EchoではIFTTT連携ではなく、Alexaスキ

ル開発に向けた設定、構築方法を紹介します。

2.3.1　Amazon Echoの初期設定をする

Wi-Fiに接続し、Amazonアカウントと紐付けられている状態にします。

たとえば、「アレクサ、今日の天気を教えて」と話かけて、天気を伝えてくれるようになっている状態です。

1．買ってきたAmazon Echoを箱から出し、電源に接続する
2．iPhoneもしくはAndroidスマートフォン向けのAmazon Alexaアプリをインストールする
3．インストールしたAmazon Alexaアプリを起動する
4．画面の指示にしたがって、Amazon Alexaの設定を行う
5．設定が完了したら、「アレクサ、今日の天気を教えて」と話しかける
6．「（地域の名称、横浜など）の天気は、晴れ時々…」のように教えてくれればOK

このように、デバイス自体のセットアップはGoogle Homeとそう変わりありません。

2.3.2　Amazon開発者アカウントを取得する

まずは、Amazon開発者アカウントを取得します。

1．Amazon開発者ポータル（https://developer.amazon.com/ja/）へアクセスし、サインインボタンをクリックします
2．Amazon Developerサインインの画面が表示されるので、**Amazon.co.jp**のアカウント（メールアドレス）とパスワードを入力し、[**ログイン**]をクリックします。

   この際、**"はじめて"**のアクセスだとしても[Amazon Developerアカウントを作成]ボタンをクリックしないでください。**Amazon.com**にアカウントが作成されてしまい、Alexaスキルの実機テストなどができなくなります。

   また、同じアカウント（メールアドレス）を**Amazon.com**でのお買い物にも使っている場合には、正しい手順で[**ログイン**]ボタンを押した場合でも、**Amazon.com**にアカウントが作成されてしまいます。筆者もこれをやらかしてしまいました。**Amazon.co.jp**で使用するメールアドレスを変更し、ことなきを得ました。
3．申請（アカウント情報登録）の画面が表示されたら、必須項目を入力していきます。
   ・国/リージョン（日本を選択してください）
   ・名/姓
   ・Eメールアドレス（今回作成したアカウントのメールアドレス）
   ・電話番号
   ・開発者名 ※スキルを公開した際、Alexaスキルストア上に表示されます
   ・開発者名（ふりがな）
   ・住所
   　※なお、開発者名については作成後に変更することができませんので注意して下さい。

情報入力後、「保存して続行」をクリックします。

4．アプリケーション販売契約の内容を確認し、[**承認して続行**]をクリック

5．広告収入の支払いの有無を確認して[**保存して続行**]すればOKです

これで、Amazon開発者アカウントが取得できます。

2.3.3　Amazon Web Service（AWS）アカウントを取得する

Alexaスキルの開発ではAWS Lambda[5]の利用が推奨されています。そのため、AWSのアカウントを持っていない場合は取得します。必要なものは、クレジットカードまたはVISAのvプリカです。

1．AWS[6]へアクセスし、サインインボタンをクリックします。

2．AWSアカウント作成の流れ[7]を確認しながらアカウント作成を完了させます。

これで、AWSのアカウントも取得できます。Elastic Cloud Compute（EC2）やRelational Database Service（RDS）などはアカウント作成後12か月以内は特定のインスタンスサイズなど条件を満たせば、無料で使用できます。Alexaスキルで活躍するAWS Lambdaについては、アカウント作成後、12ヶ月が経過した場合でも無料枠内の利用であれば課金されません。また、リリース済みのAlexaスキルによりAWSの課金が発生する場合は、100ドル/月のクレジットが付与されます。

2.3.4　Alexaスキルの作り方の概要を知る

Alexaスキルは、カスタムスキル、フラッシュブリーフィング、スマートホーム、ビデオの4種類の中から開発を行うことができます。次の表にそれぞれの内容をまとめていますが、基本的にはカスタムスキルで開発します。

表2.2: AlexaSkill の種別

名称	内容
カスタムスキル	汎用的なスキル
フラッシュブリーフィング	ニュースなどを読み上げるスキル
スマートホーム	照名やエアコンといった家電などを制御するスキル
ビデオ	ビデオコンテンツを検索したり、オススメしたりするスキル

Alexaのカスタムスキルは次の流れで実行されます。

5.AWS が提供するサーバーレスのスクリプト実行サービス。必要な時のみ動作させることができ、無料で 1,000,000 回/月まで実行できます。

6.Amazon Web Services：https://aws.amazon.com/jp/

7.AWS アカウント作成の流れ：https://aws.amazon.com/jp/register-flow/

図2.3: Alexaの動作の流れ

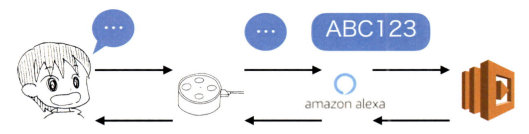

1. Amazon EchoなどのAlexa対応デバイスで音声を取得する
2. 取得した音声をAlexaサービスへ送信する
3. Alexaサービスは受信した音声をAIで解析する
4. 解析した結果に基づいて、カスタムスキルで定義した対話モデルの内容で、AWS Lambda（スキルエンドポイント）に連携する
5. AWS Lambdaは実装したスクリプトのなかで、対話モデルに応じた処理を行い、その結果をAlexaサービスを経由してAlexa対応デバイスへ送信する

そして、AWS Lambdaを介して、AWSのさまざまなサービスと連携させることができます。よく使われるのは、DynamoDBと呼ばれるデータベースサービスです。Alexaスキルの開発では、状態の保存などで活躍します。たとえばユーザーごとのゲームの成績やプレイヤーネームを保持することで、プレイヤーに対してそれぞれの成績や世界ランキング何位なのかを伝えることも可能になります。また、AWS Lambdaを介せば、AWSサービスに対する操作も音声で行うことも可能です。

2.4 まとめ

本章では次について述べました。
・Google Homeのセットアップ
・Google Homeを活用するためのgoogle-home-notifierの構築や設定
・IFTTTの設定
・Amazon Echoのセットアップ
・Amazon開発者アカウントの取得
・AWSアカウントの取得
・Alexaスキル開発の概要

第3章　スマートスピーカーを育てて子育てに活用しよう

1章ではきっかけと設計、2章では実際の環境構築を紹介しました。本章では、実際に実装した各種システムと、そのポイントを説明します。

3.1　ミルクの量管理システム

「手が塞がっている時にミルクの記録を取りたい」という、筆者がスマートスピーカーを子育てに活用するきっかけとなったシステムです。当初は飲んだ量の記録と、飲んだ量と時刻の報告機能のみでしたが、経過時刻を報告したり1日の合計量や平均値、回数も報告できるようにバージョンアップを繰り返しました。なんだかんだで、我が家で一番動いているシステムです。

当初はGoogle Homeで実装しましたが、Amazone Echo導入後にAlexaスキルも実装しました。

それでは、各機能についてご説明いたします。

3.1.1　飲んだミルクの量を記録する

Google Homeでの実装例

Google Homeに対して、「ねぇ、ぐーぐる。ミルク200」と話しかけると、自動的にGoogleドライブ上の記録用ファイル[1]に日時とミルクの量を記録します。

図3.1: 飲んだミルクの量を記録するやり取り

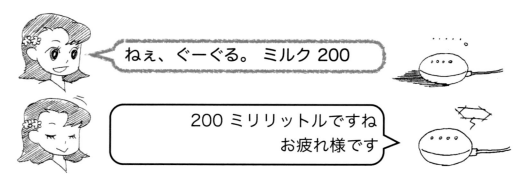

この機能では、IFTTTにあるGoogle Home(Google Assistant)向けの「Say a phrase with a number」をトリガーに、Google Sheets向けの「Add row to spreadsheet」をアクションとし

1.Googleスプレッドシートを利用しています

て、飲んだミルクの量をファイルに記録しています。

この「Add row to spreadsheet」アクションでは、記録日時を自動的に登録してくれると思われる[**CreatedAt**]という変数が用意されていますが、どういうわけか記録されません。仕方がないので、記録用ファイルにスクリプト（Google Apps Script (GAS)）を組み込み、ファイル更新時に自動的に日時が記録されるようにしました。

ファイルへスクリプトを組み込む流れは以下の通りです。
1．記録用ファイルを開く
2．メニューバーの[ツール]を開き、「<> スクリプト エディタ」を選択する
3．スクリプトを書き込む
4．保存する

```
var targetSheet = SpreadsheetApp.getActiveSheet();
// 1番目の列（A列）を指定
var col = 1;

// 日時のフォーマットを yyyy/M/d HH:mm として指定
var format = "yyyy/M/d HH:mm";

// タイムゾーンを Asia/Tokyo（日本標準時）として指定
var timeZone = "Asia/Tokyo";

// 日時情報を埋め込む処理
function recordDateTime() {

  // 最終行を取得
  var lastrow = targetSheet.getLastRow();

  // もし、最終行の1番目の列（A列）が空の場合に中の処理を実行
  if (targetSheet.getRange(lastrow, col).getValue() == "")

  // 現在時刻を指定したフォーマット、タイムゾーンで最終行の1番目の列に記録
    targetSheet.getRange(lastrow,
col).setValue(Utilities.formatDate(new Date(), timeZone,format));
}
```

つぎに、ファイル更新時に自動的に日時が記録されるようにトリガーの設定をします。
1．記録用ファイルが開いていなければ、開く
2．メニューバーの[編集]を開き、「現在のプロジェクトのトリガー」を選択する
3．トリガーを未設定であれば、[トリガーが設定されていません。今すぐ追加するにはここ

第3章　スマートスピーカーを育てて子育てに活用しよう　35

をクリックしてください。]のリンクが表示されるのでクリックする。既に何かしらのトリガーが存在しているのであれば、「新しいトリガーを追加」のリンクをクリックする

4. [実行]は前述のスクリプトの日時を埋め込む処理の名前（recordDateTime）を指定する
5. イベントは、[スプレッドシートから]、「値の変更」を選択する
6. 問題なければ[保存]ボタンをクリックする
7. [承認が必要です]というポップアップが表示されるので、[許可を確認]ボタンをクリックする
8. [アカウントの選択]画面が表示されるので、利用するGoogleアカウントを選択する
9. [このアプリは確認されていません]と警告を受けますが、左下にある[詳細]リンクをクリックする
10. ベロンと開かれると、「Googleではまだこのアプリを確認していないため…」といった文章が表示されるが、自分で作成しているスクリプトなので、気にせず、[xxxxx（安全ではないページ）に移動]のリンクをクリックする。(xxxxxはスクリプト名(プロジェクト名))
11. 「xxxxx が Google アカウントへのアクセスをリクエストしています」の画面に遷移するので、スコープの許可対象として、「Googleドライブのスプレッドシートの表示と管理」のみが表示されていることを確認する
12. [許可]ボタンをクリックする

これで、設定完了です。

Amazon Echoでの実装例

　Amazon Echoデバイスに「アレクサ、ミルクの記録で200」のように話しかけると、AWS Lambdaを介してDynamoDBに日時とミルクの量を記録します。

図3.2: 飲んだミルクの量を記録するやり取り

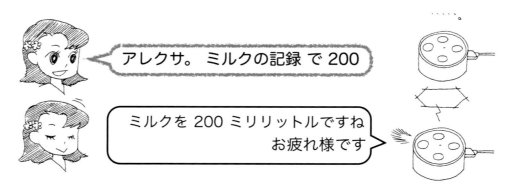

Alexaスキル側にcapacityIntentを設定し、以下のようなサンプル発話を設定しています。

・|capacity|

・|capacity| 飲んだよ

・|capacity| CC

・|capacity| CC飲んだよ

・|capacity| ミリリットル

・|capacity| ミリリットル飲んだよ

|capacity|は、インテントスロットと言う可変の値を格納できる箱のようなものです。今回は、飲んだ量、つまり数値になるので、スロットのタイプをAMAZON.NUMBERとしています。こうすることで、100や200といった値を取得することが可能になります。

続いて、Lambda関数で、capacityIntentに対しての処理を行い、インテントスロットの値と日時をDynamoDBに格納しています。

DynamoDBはmilkRecordという名前で、PK_DATEを数値型でプライマリパーティションキーをもつように作成しました。その他の列（カラム）についてはLambda関数を実行した際になければ作られます。

適宜、Lambda関数へ設定するIAMロールに対して、DynamoDBへの読み書きができる権限も付与してください。

```
// 前略
// Alexaスキルから capacityIntent が送信された際の動作
'capacityIntent': function () {

    // 後述の日時取得関数で現在日時を数値で取得する。
    var today = getDateTime();

    // インテントスロットの値を取得する
    var milkCapa = this.event.request.intent.slots.capacity.value;

    // DynamoDBに書き込む情報を定義する。
    const params = {
      TableName: tableName,
      Item: {
        "PK_DATE": {
          "N": today
        },
        "AMOUNT": {
          "N": milkCapa
        }
    }};
```

第3章　スマートスピーカーを育てて子育てに活用しよう　｜　37

```javascript
      // 後の処理で this オブジェクトの参照先が変わるため、self変数に格納する。
      var self=this;

      // putItem を使って DynamoDB へミルクの量などを書き込む。
      dynamo.putItem(params, function(err, data) {

      // 処理後、エラーであればその旨発話内容として設定する。
      if (err) {
        console.error("Error occured", err);
        message = "記録に失敗しました。少し待ってから試してください";
      }else{

        // エラーなく書き込めたら、労いの言葉を発話内容として設定する。
        console.log(data);
        message = "ミルクを"+milkCapa+"ミリリットルですね。お疲れ様です。";
      }
      // Alexaスキル へ発話後終了するように処理を戻す。
      self.emit(':tell', message);
    });
  },
// 後略
```

　現在日時は、作成した以下の関数で取得します。他の機能から扱い易くするために、UNIX
タイム（エポックタイム）[1] としています。

```javascript
function getDateTime(format) {
  // 現在時刻の取得する
  var dt = new Date();

  // 必要な変数を設定する
  var ut = "";
  var utMill = "";

  // 引数がなければ現在日時のUNIX時間を取得する
  if(!format){
    utMill = dt.getTime();
  }
```

---

2. 協定世界時 (UTC) での 1970 年 1 月 1 日午前 0 時 0 分 0 秒から形式的な経過秒数　引数に today を設定することで実行時のゼロ時の値（例：日本時間の 2018-05-22 00:00）
を取得できるようにしています。

```javascript
    // 引数がtodayであれば、実行時のゼロ時のUNIX時間を取得する
    if(format=="today"){

        // getFullYear()などが協定世界時で算出してしまうため、
        // 一旦、日本時間の時差である 9時間分のミリ秒を加算する。
        dt.setTime(dt.getTime() + 1000*60*60*9);

        // 取得したミリ秒から年、月、日を取得する。
        var utYear = dt.getFullYear();
        var utMonth = dt.getMonth();
        var utDay = dt.getDate();

        //改めて実行日のミリ秒を取得する。この際。9時間減らす。
        utMill = new Date(utYear, utMonth, utDay, -9);
    }
    // ミリ秒のため、扱い易くするために 1000で除算して秒単位にする。
    ut = Math.floor(utMill / 1000 );

    // 値を呼び出し元へ返す
    return ut.toString();
}
```

　これで、ミルクを飲んだ時刻や量を記録できるようになりました。

3.1.2　最後に飲んだミルクの量と時刻、経過時間を報告する

Google Homeでの実装例

　Google Homeに対して、「ねぇ、ぐーぐる？最後のミルクを教えて」のように話しかけると、以下のように最後にミルクを飲んだ時間や経過時間、飲んだ量を教えてくれます。

図3.3: 最後に飲んだミルクを確認するやり取り

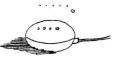

ねぇ、ぐーぐる
最後のミルクを教えて

お調べいたします

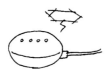

最後にミルクを飲んだのは、
9時3分です。47分経過しています
量は、220ミリリットルでした

この機能は、IFTTTにあるGoogle Home（Google Assistant）向けの「Say a simple phrase」をトリガーに、Webhookをアクションとしています。Webhookから先の流れをざっくりまとめます。

1. Webhookの送信先URL（Google Apps Scriptのウェブアプリケーション機能を利用）に対して今日飲んだミルクの内容の確認リクエストを送信する。
2. リクエストを受け付けたらミルク記録用ファイルから本日の日付のミルクの合計量と回数、平均量を算出する。合わせて、google-home-notifierの外部アクセス用URLをファイルから取得する。
3. google-home-notifierに対して、リクエストを送信する。
4. google-home-notifierはリクエストを受信次第、処理を行い、Google Homeに音声を連携する。

Webhookの送信先である、Google Apps Scriptで最後のミルクの量と時刻、経過時間を算出するスクリプトは以下の通りです。

```
function lastMilkTimeAndQua() {
  //ミルク量記録ファイルの共有URLからIDを取得する
  var milkSheetId = "xxxxx";

  //ミルク量記録ファイルのどのシートを使うか指定する
  var milkSheet =
SpreadsheetApp.openById(milkSheetId).getSheetByName("milk");

  //発話内容を初期化する
```

```
var msg = "";

//最終の行番号を取得する
var lastRow = milkSheet.getLastRow();

//最終行の1列目から日時を取得する
var lastMilk = milkSheet.getRange(lastRow, 1).getValue();

//1行目はカラム名なのでカラム名でなければ処理する
if (lastMilk != "日時") {

    //現在時刻を取得する
    var nowTime = new Date()

    //経過時間を算出する(ミリ秒(1/1000秒)で算出される)
    var dstMilSec = nowTime.getTime() - lastMilk;

    //経過時間を「分」に変換する
    //ミリ秒なので1000で割ると「秒」になる。さらに60で割れば「分」になる
    var dstTmpMin = Math.floor(dstMilSec / (1000 * 60));

    //経過時間が 60分を超えているかを確認する
    if (dstTmpMin > 60 ){

        //60分を超えている場合は、60で割って時間数を取得する
        var dstHour = Math.floor(dstTmpMin / 60);

        //時間数を60倍して分に戻して、経過時間全体から引いて改めて「分」を取得。
        var distMin = dstTmpMin - (dstHour * 60);

        //経過時間に関する発話内容をまとめる
        var distLastMilkTime = dstHour + "時間 " + distMin + "分、経過し
ています。";

        //経過時間が 60分を超えていない場合はそのまま発話内容をまとめる
    }else{
        var distLastMilkTime = dstTmpMin+"分、経過しています。";
    }

    //取得した日時を日本時間に変換する
    var lastMilkTime = Utilities.formatDate(lastMilk,
'Asia/Tokyo', "H時m分");
```

```
    //飲んだミルクの量を取得する
    var lastMilkQua = milkSheet.getRange(lastRow,2).getValue();

    //経過時間とミルクの量を合わせて発話内容を組み立てる
    msg = "最後にミルクを飲んだのは、"+ lastMilkTime +"です。 "+
distLastMilkTime +"量は"+ lastMilkQua +"ミリリットル  でした。";

    //カラム名の場合、記録がなされていないとみなし、その旨発話内容に指定する
  } else {
    msg = "授乳の記録がされていません。登録後に再度試してください";
  }
//呼び出し元の処理に発話内容を返す
  return msg;
}
```

Amazon Echoでの実装例

　同様に、Amazon Echoに対して「アレクサ？ミルクの記録で最後」や「アレクサ？ミルクの記録で最後の記録を教えて」のように話しかけると、最後にミルクを飲んだ時間や経過時間、飲んだ量を教えてくれます。

図3.4: 最後に飲んだミルクを確認するやり取り

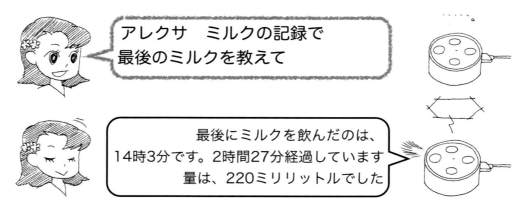

　上述の「飲んだミルクを記録する」でDynamoDBへ記録した情報をAWS Lambdaで取得します。取得した情報のうち、最新の日時(unixtimeで記録されているので最大の値のもの)の記録を抽出し、飲んだミルクの量と経過時間を発話します。

```javascript
// 前略
'lastMilkIntent': function() {

  // 読み取るテーブル名を設定する
  var scanParam = {
    TableName : tableName
  };
  var self=this;

  // DynamoDB から情報を読み取る
  dynamoDC.scan(scanParam, function(error, data){

    // エラーがあればその旨発話する
    if(error){
      console.log(error);
      message = "取得に失敗しました。少し待ってから試してください";

    // エラがーなければ情報を整形する
    }else{

      // 取れた情報が 0件 より多い場合に処理する
      if (data.Count > 0){

        // 件数を取得する
        var nursingTimes = data.Count;

        // 一旦、日時を 0 に設定する
        var nursingDateTmp = 0;

        // 最後に飲んだ情報の番号を保管する変数を 0 に設定する
        var lastNursingCount = 0;
        for (var i=0; i<nursingTimes-1; i++){

          // 既に保存済みの日時よりも大きい場合に処理する
          if (nursingDateTmp < data.Items[i].PK_DATE) {

            // 日時の値を更新する
            nursingDateTmp = data.Items[i].PK_DATE;

            // 情報の番号を更新する
            lastNursingCount = i;
          }
```

```javascript
        }
        // 最後に飲んだミルクの量を取得する
        var lastMilkQua = data.Items[lastNursingCount].AMOUNT;
        var distLastMilkTime ="";

        // 現在時刻を取得する
        var today = getDateTime();

        // 最後のミルクの時刻を取得する
        var lastMilkTimeSec =
data.Items[lastNursingCount].PK_DATE;
        var lastMilkTimeTmp = new Date(lastMilkTimeSec*1000);

        // 最後のミルクの時刻を日本時刻に変換する
        lastMilkTimeTmp.setTime(lastMilkTimeTmp.getTime() +
1000*60*60*9);

        // 最後のミルクの日時の発話内容を組み立てる
        var lastMilkTime = ""+lastMilkTimeTmp.getHours()+"
時"+lastMilkTimeTmp.getMinutes()+"分";

        // 現在時刻の値から最後のミルクの日時の値の差を求める
        var dstMilSec = today - lastMilkTimeSec;

        // 差を分単位に変換する
        var dstTmpMin = Math.floor(dstMilSec / 60);

        // 経過時間が 60 分以上ある場合に処理する
        if (dstTmpMin > 60 ){

          // 時を取得する
          var dstHour = Math.floor(dstTmpMin / 60);

          // 分を取得する
          var distMin = dstTmpMin - (dstHour * 60);

          // 発話内容を組み立てる
          distLastMilkTime = dstHour + "時間 " + distMin + "分、経過し
ています。";
        }else{

          // 経過時間が 60分未満の場合に処理する
```

```
            distLastMilkTime = dstTmpMin+"分、経過しています。";
        }

        // 最終的な発話内容を組み立てる
        message = "最後にミルクを飲んだのは、"+ lastMilkTime +"です。 "+
distLastMilkTime +"量は"+ lastMilkQua +"ミリリットル  でした。";
        }else{

            // 取得した情報がない場合に処理する
            message = "記録がありません。記録してから聞いてくださいね。";
        }
    }
    // 発話内容を Alexaスキル に返す
    self.emit(':tell', message);
  });
},
// 後略
```

3.1.3　今日1日で飲んだミルクの合計量と1回あたりの平均値、回数を報告する Google Home での実装例

　Google Home に対して、「ねぇ、ぐーぐる？今日のミルクを教えて」のように話しかけると、以下のように今日1日で飲んだ回数や合計の量、平均の量を教えてくれます。

図3.5: 今日飲んだミルクの内容を確認するやり取り

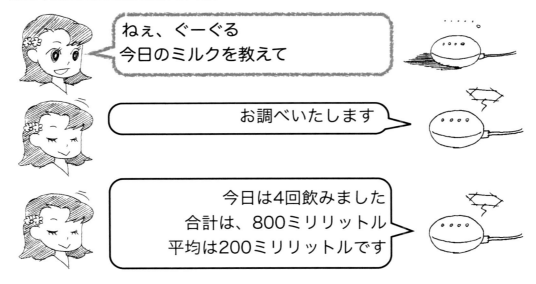

この機能も、IFTTTにあるGoogle Home（Google Assistant）向けの「Say a simple phrase」をトリガーに、Webhookをアクションとしています。Webhookから先の流れは最後のミルクを報告する機能と同じため割愛します。

Webhookの送信先である、Google Apps Scriptで今日のミルクを飲んだ回数や合計量、平均量を算出するスクリプトは以下の通りです。

```
function toDayMilkData() {
  // ミルク量記録ファイルの共有URLからIDを取得する
  var milkSheetId = "xxxxx";

  // ミルク量記録ファイルのどのシートを使うか指定する
  var milkSheet =
SpreadsheetApp.openById(milkSheetId).getSheetByName("milk");

  // 発話内容を初期化する
  var msg = "";

  // シートの内容を取得する
  var dataArray = milkSheet.getDataRange().getValues();

  // ミルクの回数をゼロにセットする
  var nursingTimes = 0;

  // ミルクの合計量をゼロにセットする
  var nursingQua = 0;

  // 今日の日付を日本時間で取得する
  var nowDate = Utilities.formatDate(new Date(), 'Asia/Tokyo',
"YYYY/M/D");

  // 記録行数の分だけ処理を繰り返す(汗
  for (var i = 2 ; i < dataArray.length; i++) {
    // 記録の頭から日時を取得する
    var targetRow = Utilities.formatDate(dataArray[i][0],
'Asia/Tokyo', "YYYY/M/D");

    // その行の日時が今日と同じなら処理をする
    if (targetRow === nowDate){

      // ミルクの回数に1追加する
      nursingTimes = nursingTimes+1;
```

46 | 第3章 スマートスピーカーを育てて子育てに活用しよう

```
    // ミルクの量にその行の記録量を加算する
    nursingQua = nursingQua + dataArray[i][1];
  }
}


// ミルクの回数が０を超えて入れば処理をする
if (nursingTimes > 0) {

    // 飲んだミルクの合計量をミルクの回数で割って平均の量を算出する
    var nursingQuaAvg = Math.floor(nursingQua / nursingTimes);

    // 発話内容を組み立てる
    msg = "今日は" + nursingTimes + "回 飲みました。 合計は"+ nursingQua
+ "ミリリットル、平均は"+nursingQuaAvg+"ミリリットルです";

    // ミルクの回数が０を超えていなければ記録がない旨を発話内容に設定する
} else {
    msg = "今日は記録がありません";
}

    // 呼び出し元の処理に発話内容を返す
    return msg;
}
```

「var dataArray = milkSheet.getDataRange().getValues();」と、あるように、シート全体を一括取得しているので、記録数が多くなると無駄が多くなります。定期的にファイルをバックアップし、週もしくは月単位の記録するようにすれば、多少は無駄が減ります。または、検索方法を効率の良いものにするなどといった対策が考えられます。

Amazon Echoでの実装例

こちらも同様に、Amazon Echoに対して「アレクサ？ミルクの記録で今日」や「アレクサ？ミルクの記録で今日の量を教えて」のように話しかけると、今日１日で飲んだ回数や合計の量、平均の量を教えてくれます。

図3.6: 今日飲んだミルクの内容を確認するやり取り

アレクサ。ミルクの記録で
今日のミルクを教えて

今日は4回飲みました
合計は、880ミリリットル
平均は220ミリリットルです

　この機能も「最後のミルク」と同様に、AWS Lambdaからミルクの記録が入っているDynamoDBから情報を取得します。実行時当日の0時0分から実行時点の時刻までを対象として情報を抽出し、回数や合計量、平均量を算出して発話します。

```
// 前略
'todayMilkIntent': function(){
  // 実行日のゼロ時の値を取得します
  var today = getDateTime("today");

  // 実行日のゼロ時以降の情報を取得するフィルタを作ります
  var scanParam = {
    TableName : tableName,
    FilterExpression : "PK_DATE >= :val",
    ExpressionAttributeValues : {":val" : Number(today)}
  };
  var self=this;

  // フィルタを使って DynamoDB から情報を取得します。
  dynamoDC.scan(scanParam, function(error, data){
    if(error){
      console.log(error);
      message = "取得に失敗しました。少し待ってから試してください";
    }else{

      // 取得した情報が 0件より多ければ回数や量、平均値を算出します
      if (data.Count > 0){
        var nursingTimes = data.Count;
        var nursingQua = 0;
```

```javascript
        for (var i=0; i<nursingTimes-1; i++){
          nursingQua = nursingQua + data.Items[i].AMOUNT;
        }
        var nursingQuaAvg = Math.floor(nursingQua /
nursingTimes);}

        // 算出した値を用いて、発話内容を組み立てます
        message = "今日は" + nursingTimes + "回飲みました。 。合計は"+
nursingQua + "ミリリットル、平均は"+nursingQuaAvg+"ミリリットルです";
      }else{
        message = "今日は記録がありません…記録してから聞いてくださいね";
      }
    }
    // Alexaスキル へ発話後終了するように処理を戻す。
    self.emit(':tell', message);
  });
  },
// 後略
```

3.2 緊急地震速報放送システム

2011年3月11日の東日本大震災以来、緊急地震速報はわたしたちの生活と切っても切れない関係になりました。巨大地震はいつ起きてもおかしくありません。テレビがついている、親が一緒にいる、といったシチュエーションであればまだ良いですが、子どもしかいないタイミングで、例えばテレビが消えているといった状況では速報を受けられない可能性があります。そこで、緊急地震速報が発報されたらGoogle Homeがその旨を放送してくれるようにしました。残念ながら、AmazonEchoは自発的に発話させられないため、現時点では実装していません。

3.2.1 緊急地震速報が発報されたら放送する

この機能は自宅内のRaspberry pi上で動作しています。Node.jsで緊急地震速報監視スクリプトを動作させ、発報の度に内容を評価しています。条件に適合した場合にのみgoogle-home-notifierへ発話リクエストを送信します。

緊急地震速報はTwitterで高度利用者向け緊急地震速報をcsv形式で配信されている、緊急地震速報Bot(@eewbot)さんの情報を利用しています。そのため、Node.jsのTwitterモジュールを利用して情報を読み取っています。

本システムは実装完了日[3]に偶然にも動作しました。しかし、幸いなことにそれ以来、発報さ

3.2018年1月5日の速報。結果的に誤報でした。(http://www.jma.go.jp/jma/press/1801/05a/20180105eew.pdf)

第3章 スマートスピーカーを育てて子育てに活用しよう | 49

れていません。

```javascript
// TwitterとHTTP(s)通信を使うよと宣言
var twitter = require('twitter');
var request = require('request');

// Twitterを使うにあたっての初期設定
// 各種情報はTwitterの開発者向けてアカウントを取得するとわかります
var client = new twitter({
  consumer_key: '<your_consumer_key>',
  consumer_secret: '<your_consumer_secret>',
  access_token_key: '<your_access_token_key>',
  access_token_secret: '<your_access_token_secret>'
});

// 発声したかどうか判定用の設定。指定値はなんでも良い
var alreadySpeaking = "hogehuga";

// Twitter の Streaming API を使う設定。follow の値は緊急地震速報BotさんのID
client.stream('statuses/filter', { follow: '214358709' },
  function(stream) {
    stream.on('data', function(tweet) {
      console.log(tweet.text);

      // 緊急地震速報CSVをカンマ毎に切って、取得
      var eqInfo = (tweet.text).split(",");
      console.log(eqInfo);

      // 各カラムの情報 (使うもののみ抜粋)
      //eqInfp[0]～[14]
      // 0: 35=最大震度のみ、36,37=最大震度に加えマグニチュードも、39=キャンセル
      // 1: 00=通情報、01=訓練
      // 3: 0=通常、7=誤キャンセル、8,9=最終報
      // 4: 1～99。
      // 5: 地震ID
      // 9: 震央の地名
      // 11: マグニチュード
      // 12: 最大震度
      // 14: 警報の有無 0は予報。1は警報

      // 取得したCSVの1番目と0番目の値を確認に指定値であれば処理する
      if (eqInfo[1] == '00' && eqInfo[0] == 37) {
```

```javascript
        // CSV の 12 番目（実際には 13 番目）から震度の取得する
        var maxIntensity = eqInfo[12];

        // 震度 5 未満の場合は後続の処理はしない
        if (maxIntensity != 0 && maxIntensity != 1 && maxIntensity
!= 2 && maxIntensity != 3 && maxIntensity != 4) {

            // 震央（地域）の取得する
            var iEpiCenter = eqInfo[9];

            //指定した震央が含まれる場合にのみ処理を実施する。例は関東東北
            if (iEpiCenter.match(/神奈川*|相模湾*|東京*|千葉*|埼玉*|茨城*|栃
木*|群馬*|山梨*|富士山*|長野*|静岡*|伊豆*|駿河*|福島*|三陸沖*|関東*|岩手*|宮城*|青
森*|房総半島*|新島*|三宅島*|八丈島*/)) {

                // 対象の場合の発話内容を組み立てる
                var eqMsg = "緊急地震速報。"+ iEpiCenter + "周辺で、最大震度 "
+ maxIntensity + " の地震が発生する恐れがあります。";
                eqMsg = eqMsg + "速やかに、机の下や、トイレなどの安全な場所に避難してく
ださい。";
                eqMsg = eqMsg + "無理にコンロなどの火を消さず、速やかに頭や身体を守って
ください。";

                // 対象なので google-home-notifier へ送信し、発声させる
                var options = {
                  url: "http://localhost:8091/google-home-notifier/",
                  headers: {
                    "Content-type":
"application/x-www-form-urlencoded"
                  },
                  form: {
                    "text": eqMsg
                  }
                };

                // 速報は精度を上げて複数回届くので、既に発声したものかどうかの確認
                if (eqInfo[5] != alreadySpeaking) {
                  request.post(options, function(error, response,
body) {});
                  alreadySpeaking = eqInfo[5];
                }
            }
        }
```

第 3 章　スマートスピーカーを育てて子育てに活用しよう　51

```
        }
      }
    });
  }
)
```

3.3 連絡やりとりシステム

外出中の筆者と、家にいる家族との伝言のやり取りをするために実装した機能です。

3.3.1 自宅にいる家族へ連絡する

退勤し、駅のホームから自宅にいる家族に対して、メッセージを飛ばすために実装した機能です。Google Home、Amazon Echo ともに実装していますが、Amazon Echo の場合は DynamoDB に情報を登録しておき、任意のタイミングで聞き出すという使い方になっています。

Google Home での実装例

仕組みとしては他のシステム、機能と比較すると単純明快です。Google Assistant アプリで、「伝えて○×△」のように打ち込むと、IFTTT の「Say a phrase with a text ingredient」トリガーが発動し、Webhook アクションから GAS 経由で自宅の Google Home に発話させます。もちろん、「ねぇ、ぐーぐる？伝えて○×△」のように話しかけても OK です。

図3.7: 外から自宅への連絡

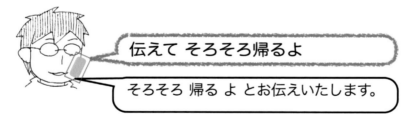

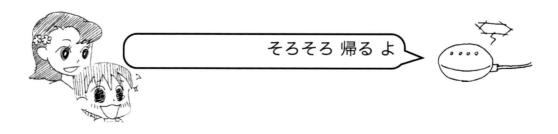

GAS 側のスクリプトも単純です。受け取ったメッセージをそのまま google-home-notifier に

リクエストを送信するだけです。

```
doPost(){
  // 発話する内容を」初期化する
  var msg = "";

  // IFTTT から受け取ったメッセージを発話内容にする
  msg = e.parameter.messageText;

  // メッセージ送信処理を呼び出す（2章の外部アクセス用URLを使うを参照）
  if (msg != "") {
    postMsg(msg, getNgrokUrlBySheet());
  }
}
```

　本当に単純明快で簡単なスクリプトですよね。クライアントもGoogle Assistantアプリで特に作り込む必要もありませんでした。これくらいであれば、GASを使わずにIFTTT+Firebase、もしくはFirebase Hosting+Firebaseで実装しても良いかもしれませんね。

　次の図は実際にメッセージを送信した際の、Google Assistantアプリの様子です。

図3.8: Google Assistant アプリの動作イメージ

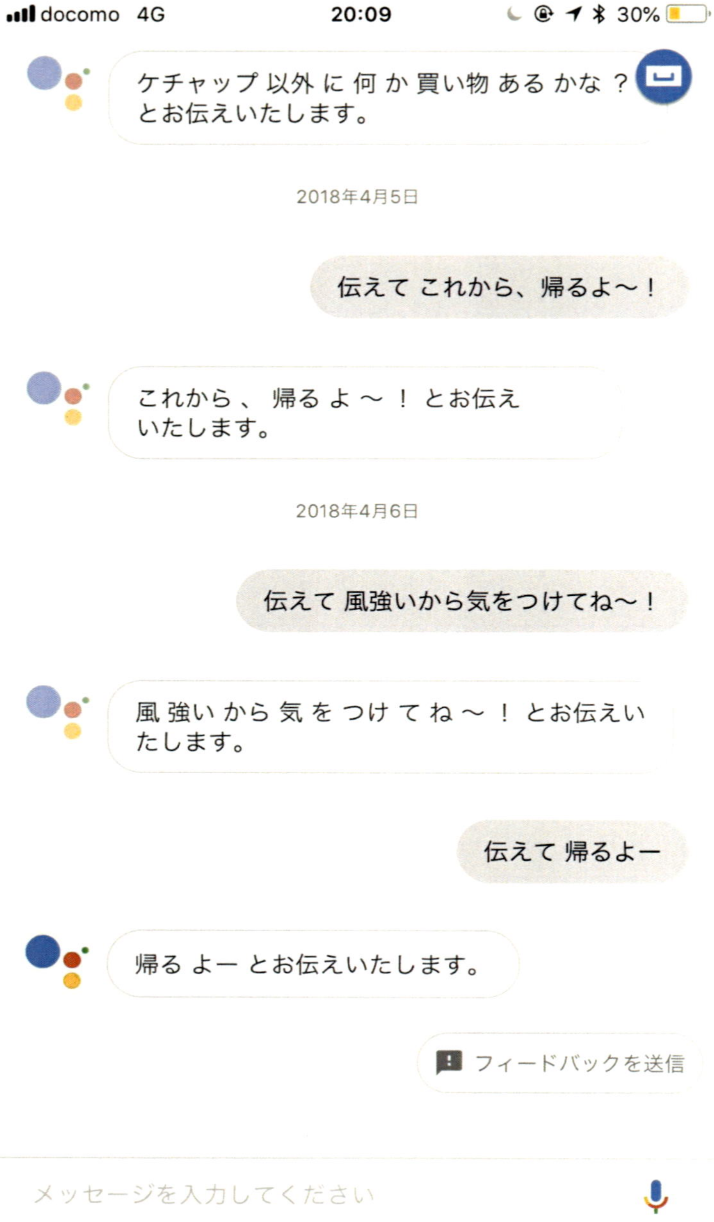

Amazon Echo での実装例

　Google Home での実装と比較すると登場人物が多くなっています。まずは本システムの構成をご確認ください。

図3.9: 連絡やり取りシステム構成図

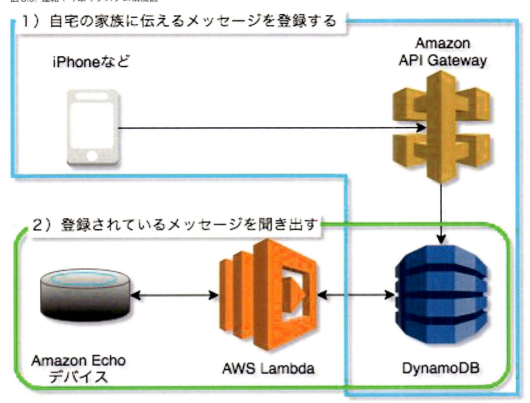

　各機能を一つずつ、簡単に説明します。

１．自宅の家族に伝えるメッセージを登録する

　iPhoneやスマートフォンなどからメッセージを登録するために、AWS側で受ける入り口が必要です。その入り口は「Amazon API Gateway」というサービスで提供されています。このサービスを簡単に説明すると、あるURL（URI）へのアクセスの内容を後方にあるAWS LambdaやDynamoDB、EC2といったAWSの各種サービスへ繋いでくれます。このURL（URI）からAWS Lambdaなどへ繋げることをAmazon API Gatewayでは、APIと呼びます。

　API Gatewayを経由してメッセージをDynamoDBに登録するAPIは以下の流れで作成します。DynamoDBで記録先のテーブルを作成しておいてください。また、そのDynamoDBに対して、PutItemアクションが行えるIAMロールを作成しておいてください。

　最新の作成の流れや機能の詳細については、AWSの公式マニュアル[4]を参照してください。

4.Amazon API Gateway 開発者ガイド：https://docs.aws.amazon.com/ja_jp/apigateway/latest/developerguide/welcome.html

1．Amazon API Gatewayにアクセスする

2．「APIの作成」ボタンをクリックする

3．「新しいAPI」のラジオボタンをクリックする

4．「API名」にAPIの名前を入力する。本書では、「hiroAPI_doko」に設定している。名称や説明はお好みでどうぞ

5．「エンドポイント」は「地域」「エッジ最適化」どちらでもOK

これで、家で例えれば、門扉に相当する部分ができました。しかし、門扉だけでは、どうしようもありませんよね。「AWS Lambda」や「DynamoDB」といった、「建家」の中にいる情報という住人に会うためには、インターフォンがないと建家まで直接行かないとなりませんし、飛び石のような動線がないと、どこをどう歩いて良いかもわかりづらくたどり着けません。下手な動きをすると、不法侵入者として通報されかねません。

そこで、リソースやメソッドで動線や呼び出し方を設定します。以下の流れで設定できますが、「Amazon API Gateway」のマニュアルも必要に応じて参照してください。本書の例では、「dokokana」というリソースを作って、「POST」でのリクエストがあった場合にDynamoDBへ登録できるようにします。

1．先ほど作成したAPIをクリックする

2．/(ルート:一番上)を選択し、[アクション]ボタン → [リソースの作成]の順でクリックする

3．[リソース名]に「dokokana」と入力し、[リソースパス]の値はそのままにして、[リソースの作成]ボタンをクリックする

4．「dokokana」リソースが作成できたら、「dokokana」を選択し、「アクション」ボタン → 「メソッドの作成」の順でクリックする

5．「dokokana」リソースの下にリストメニューが表示されるのでPOSTを選択して、(レ)のアイコンをクリックする

6．画面右側に「セットアップ」が表示されたら、以下のように設定して「保存」ボタンをクリックする

・統合タイプ：「AWSサービス」

・AWSリージョン：東京リージョンを示す「ap-northeast-1」

・AWSサービス：「DynamoDB」

・HTTPメソッド：「POST」

・アクション」：DynamoDBにデータを書き込むアクションである「PutItem」

・実行ロール：事前に作成しておいたIAMロールをARN形式で入力する（例：arn:aws:iam::<AWSアカウントID>:role/<IAMロール名>）

・コンテンツの処理：パススルー

・デフォルトタイムアウトの使用」のチェックボックスはそのままにする

保存が正しく行われると、「セットアップ」だった画面が「メソッドの実行」に切り替わります。ここからは、実際に登録する際に送信する情報をDynamoDBへ登録するための変換の仕方

を設定します。

1. 「統合リクエスト」のリンクをクリックする
2. 画面をスクロールし、「本文マッピングテンプレート」をクリックし開く
3. 「リクエスト本文のパススルー」を「なし」とする
4. 「マッピングテンプレートの追加」をクリックする
5. すぐ上にある「Content-Type」の表が入力可能状態になるので、「application/json」と入力し、(レ)のアイコンをクリックする
6. (レ)のアイコンをクリックすると、画面下部にテキストフィールドが出現するので、以下のような定義をし、[保存]ボタンをクリックする（※実際に使う際はコメント行や空行は抜いてください）
7. 同様に、「マッピングテンプレートの追加」をクリックする
8. 「application/x-www-form-urlencoded」と入力、(レ)のアイコンをクリックする。テキストフィールドについても上記手順と同様に設定する

```
// iphone などからのリクエスト内容を $inputRoot に格納する
#set($httpPost = $input.body)

// HTML フォームからの場合、& で連結されているので小分けにする
#set($keyValueRow = $httpPost.split("&"))
{
  "TableName": "dokokana",
  "Item": {
  #foreach($params in $keyValueRow)

    // さらに = で連結されているので小分けにする
    #set($param = $params.split("="))
    "$param[0]": {

      // 日本語など文字列を元の形に変換する
      "S": "$util.urlDecode($param[1])"
       }#if( $foreach.hasNext ),#end
  #end
  }
}
```

　これでAPI GatewayからDynamoDBへ書き込むための準備ができました。それでは実際に動くかどうかをテストしてみましょう。「メソッドの実行」画面に戻ったら、以下の流れでテストを行います。

1. 画面左側にある「テスト」をクリックする

第3章　スマートスピーカーを育てて子育てに活用しよう　57

2. リクエスト本文のテキストフィールドに以下の内容を記入し、「テスト」ボタンをクリックする

```
id=1&transportation=shinkansen&comment=test
```

画面右側にテスト結果が表示されるので、以下の画像のようになっていれば、OKです。

図 3.10: テスト結果

リクエスト: /dokokana
ステータス: 200
レイテンシー: 110 ms
レスポンス本文

```
{}
```

また、DynamoDB を表示し、記録するためのテーブルに情報が入っていることを合わせてご確認ください。

テスト結果と DynamoDB への書き込みが行えていれば、API を実際に使える状態にします。このことをデプロイすると言います。デプロイは以下の流れで実施します。

1. テストが完了した API を選択する
2. [アクション]から[API のデプロイ]を選択する
3. 各項目について以下のように指定・入力し、[デプロイ]ボタンをクリックし、API をデプロイします。最低限、デプロイされるステージで「新しいステージ」を選択し、ステージ名に任意の名称を指定すれば OK
   ・デプロイされるステージ：「新しいステージ」
   ・ステージ名：任意の好きな名前（例：Alexa）
   ・ステージの説明：ステージの説明を適宜入力（例：本番、検証、テスト……など）
   ・デプロイメントの説明：バージョン XX といったような説明を適宜入力

これで iPhone やスマートフォンなどからメッセージを登録するための URL（API のエンドポイントの呼び出し用 URL）が生成されました。この URL に対してリクエストを送信することで、メッセージを登録することができます。URL の形式と本書での例をまとめた内容は以下の通りです。

形式：

58 | 第3章 スマートスピーカーを育てて子育てに活用しよう

```
https://<APIのID>.execute-api.<リージョン>.amazonaws.com/<ステージ名>/<リ
ソースパス>

例：
https://<APIの
ID>.execute-api.ap-northeast-1.amazonaws.com/Alexa/dokokana
```

このAPI Gatewayに対してリクエストを送信するフォーム例を付録に記載していますので、合わせてご確認ください

2．登録されているメッセージを聞き出す

　基本的にはミルクの記録を確認するのと同様のつくりですが、Amazon Echo Spotという画面付きのスマートスピーカーを活用すべく、指定した交通手段に応じた動画を表示させるようにしました。

　Amazon Echoデバイスに「アレクサ、"どこにいるのか"を聞いて」のように話しかけると、API Gatewayを介して登録したメッセージなどを取得し、画面付きのデバイスであれば、関係する動画が再生されます。画面が無いデバイスであれば単にメッセージを再生します。

図3.11: Amazon Echo Spotの動作イメージ

　Alexaスキル側は特にインテントを用意していません。しかし、Amazon Echo Spotで動画を再生するためには、「インターフェース」メニューで「画面インターフェース」と「VideoApp」

を有効化する必要があります。画面付きのデバイス向けのスキルを実装する場合は、忘れずに有効化しましょう。

また、HTTP(s)通信でアクセスできる箇所に動画をアップロードしておきます。筆者の環境では、dropboxを利用しました。そのアップロード先のURLを後述のスクリプトに埋め込みます。

次のリストが、AWS Lambda側のスクリプトです。

```javascript
// モジュールや使用するDBを宣言する
'use strict';
const Alexa = require('alexa-sdk');
const AWS = require ('aws-sdk');
const dynamo = new AWS.DynamoDB();
const dynamoDC = new AWS.DynamoDB.DocumentClient();
const tableName="dokokana";

// 動画再生用ファイルのURLを指定する
const videoList = {
  train : 'XXXXXXXXXX',
  bus : 'XXXXXXXXXX',
  shinkansen : 'XXXXXXXXXX',
  taxi : 'XXXXXXXXXX',
  airplain : 'XXXXXXXXXX',
  subway : 'XXXXXXXXXX',
  noTrans : 'XXXXXXXXXX'
};

// 発話用の変数を初期化する
var message = "";
var transportation = "";
var video = "";

// 「どこにいるのか」を聞いてと言われたら処理する
const handlers = {
  'LaunchRequest': function () {

    // 取得対象のテーブルを設定する
    var scanParam = {
      TableName : tableName
    };

    // thisオブジェクトをselfに格納する
    var self=this;
```

60 ｜ 第3章　スマートスピーカーを育てて子育てに活用しよう

```javascript
// DynamoDBから情報を取得する
dynamoDC.scan(scanParam, function(error, data){
  if(error){
    console.log(error);
    message = "取得に失敗しました。少し待ってから試してください";
  }else{
    if (data.Count > 0){
      // 取得した情報から交通機関を抽出する
      transportation = data.Items[0].transportation;

      // メッセージを取得する
      message = data.Items[0].comment;

      // 抽出した交通機関によって動画の対象を設定する
      switch (transportation) {
        case "train":
          video = videoList.train;
          break;
        case "bus":
          video = videoList.bus;
          break;
        case "shinkansen":
          video = videoList.shinkansen;
          break;
        case "taxi":
          video = videoList.taxi;
          break;
        case "airplain":
          video = videoList.airplain;
          break;
        case "subway":
          video = videoList.subway;
          break;
        case "noTrans":
          video = videoList.noTrans;
          break;
        default:
          break;
      }

      // 画面付きデバイスでは動画を再生する
```

```
        if
(self.event.context.System.device.supportedInterfaces.VideoApp) {
            self.response.playVideo(video);
        }

        // DynamoDB に情報が入っていない場合はその旨発話する
        }else{
        message = "情報が見つかりませんでした。";
        }
    }

    // 埋め込んだ発話内容を返す
    self.response.speak(message);
    self.emit(':responseReady');
    });
},

    // 終了宣言
    'SessionEndedRequest': function () {
    }
};

// Alexa スキル を AWS Lambda で作る際のお約束
exports.handler = function (event, context, callback) {
  const alexa = Alexa.handler(event, context, callback);
  alexa.registerHandlers(handlers);
  alexa.execute();
};
```

　これで、外出している筆者の状況を聞き出せるようになりました。これに加えてAlexaスキルの通知機能や、Progressive Response機能を組み合わせることができれば、多少はインタラクティブに確認ができるでしょう。

3.3.2　自宅から外のお父さんへ伝言する

　Google Homeで実装した「外から自宅へ連絡する」機能を利用し始めたところ、妻から次のような話を聞かされました。「かえるよ〜」といった発話に対して、息子が「おとぅ〜どこからかえるぅ？」、「おとぅ〜でんしゃ〜？」と話しかけているのに、反応がないから寂しそうにしているとのことでした。息子としては、電話のように会話ができるものだと思っていたようです。
　そこで、自宅から外にいる筆者に対して伝言が飛ばせるような機能を実装しました……が、「ねぇ、ぐーぐる？　おとぅ　でんしゃのるー？」、「ねぇ、ぐーぐる？　おとぅ　どこいるかー？」と

62　　第3章　スマートスピーカーを育てて子育てに活用しよう

いった具合に、「ウェイクワード」+「おとぅ」+「伝えたいこと」を組み合わせて話しかけないとなりません。お話が上手になってきているとはいえ、3歳になったばかりの息子には難しかったようです。そのため、Amazon Echoでの実装は見送りました。

図3.12: 自宅から外への連絡(理想)

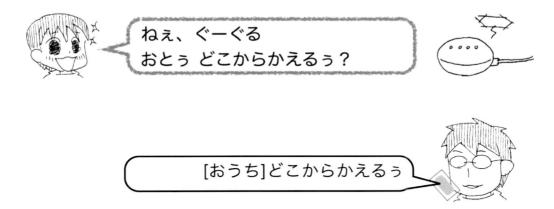

　仕組みとしては、Google Home (Google Assistant)のIFTTTトリガーからLINEへのSend Messageアクションで実装しています。
　LINEは使っていないよというのであれば、FirebaseとFirebase Hostingを組み合わせて構築すれば良いかと思います。どちらにしても、3歳になったばかりの息子には同じく難しいものでした。
　そこで、LINE Clova Friendsを導入しました。1章でお伝えした通り、Clovaはウェイクワードなしで利用できるアクションボタンが導入されています。ボタンを押し「おとぅと電話して」と話しかければ、筆者のiPhoneにインストールしてあるLINEに対して無料通話が発信されます。そして、筆者が受話できれば普通に会話できます。
　何でもかんでも、Google Home + google-home-notifierにやらせるのではなく、別の機器も取り入れ、適材適所、補完関係で活用していければ良いと感じた場面でした。

3.4　トイレトレーニングシステム

　人は成長するにつれて、オムツが外れトイレで用を足すようになります。しかし、幼い子どもはなかなかそれがうまくいきません。このトレーニングを進めるために開発したのがこのトイレトレーニングシステムです。お家でのトイレ、お外でのトイレ、それぞれのパターンで作りを変えて、楽しくトレーニングができるようにしました。

3.4.1　お家トイレを記録する

ここではあちこちの家庭の冷蔵庫や壁などに貼り付いていると思われる、Amazon Dashボタン（AWS IoT Enterpriseボタン）を使っています。我が家では、AWS IoT Enterpriseボタンをトイレに設置しています。

図3.14: AWS IoT Enterprise ボタン

子どもはトイレで用を足すのに成功したらボタンを押します。ボタンが押されると、LEDが白く点滅し、消灯します。子どもはこの反応を面白く感じてくれているようです。

Google Homeでの実装例

システムとしての動作を説明します。

AWS IoT Enterpriseボタンが押されると、同じネットワーク内のNode.js上で動作しているdasherモジュールが検知します。dasherモジュールはボタンのIDに応じた処理をします。

このシステムでは、トイレに設置されたボタンが押されたことを検知すると、IFTTTのWebhookトリガーとGoogle Sheetsアクションで作成したアプレットで、Googleドライブ上のGoogleスプレッドシートに日時とお家トイレが成功したフラグを記録します。

dasherモジュールの導入と設定について順を追っていきましょう。まずは、モジュールをGitから取得します。

```
$ git clone https://github.com/maddox/dasher.git
Cloning into 'dasher'...
remote: Counting objects: 179, done.
remote: Total 179 (delta 0), reused 0 (delta 0), pack-reused 179
Receiving objects: 100% (179/179), 31.63 KiB | 0 bytes/s, done.
```

```
Resolving deltas: 100% (81/81), done.
Checking connectivity... done.
```

つぎに、モジュールのインストールを行います。

```
$ cd dasher
$ npm install
....(略)
```

インストールができました。Amazon Dashボタン（AWS IoT Enterpriseボタン）を利用するために、ボタンのID（MACアドレス）を検出します。以下のコマンド実行してから、ボタンを押してください。

```
#カレントディレクトリは、 dasher ディレクトリ
$ ./script/find_button
Watching for arp & udp requests on your local network, please try
to press your dash now
Dash buttons should appear as manufactured by 'Amazon Technologies
Inc.'
# この時にボタンを押す
# 成功すると以下のように表示される。
Possible dash hardware address detected: [Amazon Dash ボタンの
ID(macアドレス)] Manufacturer: Amazon Technologies Inc. Protocol:
udp
# AWS IoT Enterprise ボタンの場合は以下のように表示されました。
# 恐らく、find_button で参照しているリストに登録がないのでしょう。
Possible dash hardware address detected: [Amazon IoT Enterprise ボ
タンの ID(macアドレス)] Manufacturer: unknown Protocol: udp
```

Amazon DashボタンのIDがわかったところで、このIDを持つボタンが押された際の動作を設定します。以下のように、設定ファイルを編集してください。

```
$ view ./config/config.json
```

```
{"buttons":[
  {
    "name": "<ボタンの名前を指定する>(例：1F toilet)",
    "address": "<検出したボタンのID>",
    "protocol": "udp",
```

第3章　スマートスピーカーを育てて子育てに活用しよう　│　65

```
    "url": "接続先の URL (IFTTT の Webhook の URL など)",
    "method": "POST"
  }
]}
```

IFTTTのWebhookのURLは次のように取得します。

1. IFTTTのWebhookのページ(https://ifttt.com/maker_webhooks)へアクセスする
2. 「Connect」をクリックし、Webhookを有効化する
3. IFTTTのWebhookのページの右上にある「Documentation」をクリックすると、リクエスト送信先であるURLが確認できます。URL内にある、{event}は、Webhookトリガーの「Event Name」で置き換えます。

設定が完了したら、つぎのコマンドで起動して動作確認を行います。

```
$ sudo npm run start
〜〜中略〜〜
# ボタンを押すと以下のようなメッセージが表示される
[2018-05-23T18:13:42.784Z] 1F toilet pressed. Count: 1
```

あとはIFTTTアプレットを作成し、foreverモジュールなどで常時起動させれば、いつでもトイレの記録が取れるようになります。

Amazon Echoでの実装例

Amazon Echo向けでの実装でも、同様にAWS IoT Enterpriseボタンを利用しています。こちらは、AWS IoT 1-ClickからAWS Lambdaを呼び出して、DynamoDBに書き込みを行っています。

AWS IoT 1-Clickの設定は、iPhoneなどのスマートフォン向けアプリを使うことで簡単に行うことができます。

AmazonからAWS IoT Enterpriseボタンを購入して、初期セットアップをしてください。ここでは初期セットアップ以降の設定についてお伝えいたします。Lambda関数については後述してありますが、事前に作成をお願いします。

1. AWS IoT 1-Clickの画面から、「プロジェクトの作成」をクリックする
2. プロジェクト名（例：toiletRecord）を設定し、「次へ」ボタンをクリックする
3. 「デバイステンプレートの定義」の「開始」をクリックする
4. 「すべてのボタンタイプ」をクリックする
5. 以下の設定を行い、「プロジェクトの作成」ボタンをクリックする
・デバイステンプレート名：好みの名称を指定する
・アクション：「Lambda関数の選択」
・AWSリージョン：東京リージョンを示す「ap-northeast-1」

・Lambda関数：事前に作成したLambda関数名を指定する

　AWS IoT 1-Clickに関連づけるLambda関数の例は以下の通りです。他の機能と同様に、DyanmoDBのテーブルやLambda関数を実行するためのIAMロールも事前に作成してください。

```javascript
// モジュールや使用するDBを宣言する
'use strict';
const AWS = require('aws-sdk');
const dynamo = new AWS.DynamoDB();
const tableName='toiletTraining';

// AWS IoT 1-Clickから呼び出されたら処理する
exports.handler = function(event, context, callback) {

  // ボタンが押された日時をUNIXタイムで取得する
  var dt = new Date();
  var ms = dt.getTime();
  var today = Math.floor(ms / 1000).toString();

  // DynamoDB に格納する情報を作る
  const params = {
    TableName: tableName,
    Item: {
      "PK_DATE": {
        "N": today
      },
      "UCHI": {
        "N": '1'
      },
      "SOTO": {
        "N": '0'
      }
    }
  };

  // DynamoDB に書き込みを行う
  dynamo.putItem(params, function(err, data) {
    if (err) {
      console.error("Error occured", err);
    }else{
      console.log(data);
    }
```

```
    });
}
```

　Amazon Echoに話しかけることで、記録することもできるようにしました。その機能については、後述の確認機能の中で合わせてご紹介します。

3.4.2　お外トイレを記録する

　こちらは、お出かけ先のトイレで用を足せた時に使う機能です。

Google Homeでの実装例

　帰宅後にGoogle Homeに「ねぇ、ぐーぐる？外でおしっこできたよ」と話しかけると、飲んだミルクの量の記録機能と同様に、Google Sheetsアクションを使って、日時とお外トイレが成功したフラグを記録します。

　1点こだわったポイントは、外トイレ成功の場合に、ご褒美機能が発動することです。

　お外トイレは、多機能だったり、手のジェット乾燥機があったりで、子どもはおっかなびっくりで落ち着いてトイレができていない様子でした。それを緩和させ、モチベーションを上げるためにご褒美機能を搭載しています。

　お外トイレの成功フラグが記録されると、息子が好きなアニメのキャラクターの声で「すっご――い！」と褒めてくれるのです。

　スクリプトはこれまでご紹介した、ミルク記録時の日時登録とgoogle-home-notifierへの発話リクエスト送信をミックスしたようなものです。トイレ記録時の日時登録の延長で、お外トイレかを判定します。お外トイレの場合は、google-home-notifierへの発話リクエストに、「すっご――い！」と言ってくれる音声ファイルURL（Raspberry pi上のWebサーバに格納）を指定します。

図3.15: お外トイレを記録するやり取り

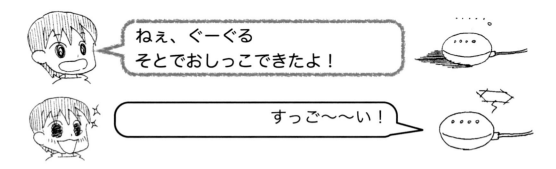

Amazon Echoでの実装例

　同様に、Amazon Echoに対して「アレクサ、"お外"で"トイレ行ったよ"」と伝えると、日時とお外トイレが成功したフラグを記録してくれます。「ご褒美機能」も入っていますが、音声はAlexaのものをそのまま使用しています。その代わりと言っては何ですが、話しかけるたびにランダムな内容で返答が返ってくるようにしました。スクリプト自体は、ミルクの量や日時を記録するものとそう変わりありません。

図3.16: お外トイレを記録するやり取り

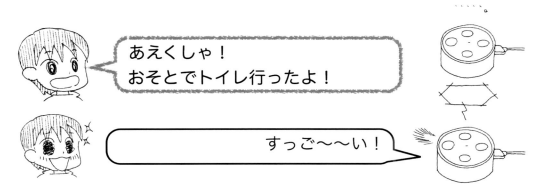

　Alexaスキル側は、「トイレに行けたよ」といった類の言葉があった際に記録を行うための、"record"インテントを設定します。

```javascript
// モジュールや使用するDBを宣言する
'use strict';
const AWS = require('aws-sdk');
const Alexa = require('alexa-sdk');
const dynamo = new AWS.DynamoDB();
const tableName='toiletTraining';

//ご褒美メッセージのリスト
const messageList = {
  messages: [
    {content: "すっご——い！"},
    {content: "今日も上手にできたねー！"},
    {content: "その調子！その調子！！"},
    {content: "いいね！いいね！！"},
    {content: "頑張れ！頑張れ！！"}
  ]
};
```

```javascript
// Alexaから呼び出されたら処理する
var handlers = {

  // 単に「"お外"を開いて」などの場合に処理する
  'LaunchRequest': function () {
    this.emit(':ask', this.t("トイレ行けたよ、と言ってね。"));
  },

  // 「"お外"で"トイレ行けたよ"」などの場合に処理する
  'record': function () {

    // 現在日時を UNIX タイムで取得する
    var message ="";
    var dt = new Date();
    var ms = dt.getTime();
    var today = Math.floor(ms / 1000).toString();

    // 日時とできたフラグを立てたDynamoDB用データを作成する
    const params = {
      TableName: tableName,
      Item: {
        "PK_DATE": {
          "N": today
        },
        "SOTO": {
          "N": '1'
        },
        "UCHI": {
          "N": '0'
        }
      }
    };

    // thisの内容をselfに格納する
    var self=this;

    // DynamoDBに書き込みを行う
    dynamo.putItem(params, function(err, data) {
      if (err) {
        console.error("Error occured", err);
        message = "ごめんね。記録にできなかったよ。少し待ってからまた伝えてね。";
```

第3章　スマートスピーカーを育てて子育てに活用しよう

```javascript
    }else{
      console.log(data);

      // 0～4の中から1つだけ数字を取り出す
      var tmp = Math.floor( Math.random() * 5 );

      // 取り出した数字に対応するご褒美メッセージを設定する
      message = messageList.messages[tmp].content;
    }
    // 発話内容を Alexaスキル に返す
    self.emit(':tell', message);
  });
  },
  // 終了宣言をする
  'SessionEndedRequest': function() {
  }
};


// 実行するためのお約束の処理・宣言
exports.handler = function(event, context, callback) {
  var alexa = Alexa.handler(event, context, callback);
  alexa.registerHandlers(handlers);
  alexa.execute();
};
```

3.4.3 トイレ結果を確認する

　一日のトイレの結果を確認するための機能です。

Google Home での実装例

　Google Homeに「ねぇ、ぐーぐる？今日のトイレ」と尋ねると、今日のトイレトレーニング結果を教えてくれます。

第3章　スマートスピーカーを育てて子育てに活用しよう　71

図3.17: トイレトレーニングの結果確認のやりとり

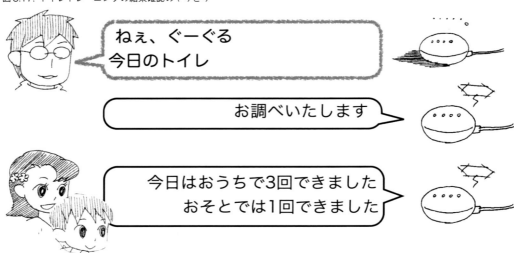

　システム構成や仕組み自体は、ミルクの量報告機能とほぼ同じです。細かな違いで言えば、お家トイレ、お外トイレのそれぞれの有無を組み合わせたパターンの回数で発話できるようにしています。

```javascript
function toDayToiletRecord() {
  // トイレ記録ファイルの共有URLからIDを取得する
  var toiletSheetId = "xxxxx";

  // トイレ記録ファイルのどのシートを使うか指定する
    var toiletSheet =
SpreadsheetApp.openById(toiletSheetId).getSheetByName("toilet");

  // 発話内容を初期化する
  var msg = "";

  // ガバッとシートの内容を取得する
  var dataArray = toiletSheet.getDataRange().getValues();

  // お家トイレの回数をゼロにセットする
  var homeCount = 0;

  // お外トイレの回数をゼロにセットする
  var outsideCount = 0;

  // 今日の日付を日本時間で取得する
  var nowDate = Utilities.formatDate(new Date(), 'Asia/Tokyo',
```

```
"YYYY/M/D");

  // 記録行数の分だけ処理を繰り返す
  for (var i = 2 ; i < dataArray.length; i++) {
    // 記録の頭から日時を取得する
      var targetRow = Utilities.formatDate(dataArray[i][0],
'Asia/Tokyo', "YYYY/M/D");

    // その行の日時が今日と同じなら処理をする
    if (targetRow === nowDate){

      // お家トイレの回数を加算する
      homeCount = homeCount + dataArray[i][1];

      // お外トイレの回数を加算する
      outsideCount = outsideCount + dataArray[i][2];
    }

    // お家トイレ、お外トイレの回数を合計する
    var totalCount = homeCount + outsideCount;
  }

  // トイレの合計回数がゼロを超えていたら処理をする
  if (totalCount > 0) {

    // 発話内容の組み立て。まずはお家トイレの回数をまとめる
    msg = "今日は、";
    if (homeCount > 0) {
      msg = msg + "おうちで" + homeCount + "回 できました。";
    }

     // 続いてお外トイレの回数をまとめる
    if (outsideCount > 0) {
      msg = msg + "おそとでは、" + outsideCount + "回 できました。";
    }

    // トイレ回数記録がされていない場合は、黒くがない旨を発話内容に設定する
  } else {
    msg = "今日は記録がありません";
  }

  // 呼び出し元の処理に発話内容を返す
```

第3章　スマートスピーカーを育てて子育てに活用しよう　73

```
    return msg;
}
```

Amazon Echoでの実装例

　Amazon Echoに「アレクサ？トイレの記録を開いて」と尋ねると、今日のトイレトレーニング結果を教えてくれます。「"トイレの記録"で"お外"」や「"トイレの記録"で"お家"」と話しかけると、それぞれの情報を記録することもできます。

図3.18: トイレトレーニングの結果確認のやりとり

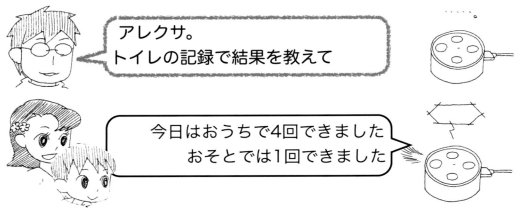

　Alexaスキル側では以下のようなインテントを用意しています。
・check：トイレの記録を確認するためのインテント
・soto：お外トイレの記録をするためのインテント
・uchi：お家トイレの記録をするためのインテント
お外トイレやお家トイレの記録を含めたスクリプトは付録に記載しています。

```
// 前略
// トイレの記録を開いてなどの場合はcheckインテントへ進む
'LaunchRequest': function () {
  this.emit('check');
},

// トイレの記録で確認するなどの場合に処理する
'check': function() {

  // 実行日のゼロ時の値を取得する
  var today = getDateTime("today");
```

```javascript
  // DynamoDB から情報を抽出するための設定を行う
  var scanParam = {
    TableName : tableName,
    FilterExpression : "PK_DATE >= :val",
    ExpressionAttributeValues : {":val" : Number(today)}
  };
  var self=this;

  // DynamoDB に対して情報取得を行う
  dynamoDC.scan(scanParam, function(error, data){
    if(error){
      console.log(error);
      message = "取得に失敗しました。少し待ってから試してください";
    }else{
      message = "今日は、";

      // 取得した情報が 0件より多ければお家、お外各々の回数を取得し発話内容を組み立てる
      if (data.Count > 0){
        var uchi = 0;
        var soto =0;
        for (var i=0; i<data.Count-1; i++){
          uchi = uchi + data.Items[i].UCHI;
          soto = soto + data.Items[i].SOTO;
        }
        if (uchi > 0){
          message = message + "おうちで" + uchi + "回。できました。";
        }
        if (soto > 0){
          message = message + "おそとで" + soto + "回。できました。";
        }
      }else{
        message = message+"記録がありません…記録してから聞いてくださいね";
      }
    }
    self.emit(':tell', message);
  });
},
// 後略
```

第3章　スマートスピーカーを育てて子育てに活用しよう　75

3.5 好きな番組の放送日・内容確認システム

現在3歳の息子は、2歳になった頃から「笑点」が大好きでたまりません。あのテーマ曲を歌って踊ります。そして、妻に対して「こー[5]、しょうてん、やるぅ？」と、今日は笑点の放送があるか尋ねるようになりました。

最初のうちは、「今日はやるよー」と伝えていたようです。しかし、笑点は、執筆時点で日曜日、火曜日、水曜日、木曜日に放送があります。また、日曜日は地上波ですが、それ以外は衛星放送だったりします。放送時刻も異なります。そして、好きな番組は、笑点だけではないのです。

聞かれるたびに確認するのも良いですが、「ぐーぐるに尋ねちゃえ」ということで実装されたのがこのシステムです。本書ではGoogle Homeでの実装例のみを掲載しています。

3.5.1 今日は笑点が放送されるか確認する

Google Homeに「ねぇ、ぐーぐる？しょうてん、やるぅ？」と尋ねると、放送日であれば次のように放送内容[6]と放送種別、放送開始時刻を教えてくれます。逆に、放送日ではなければ、「今日はやらないよ～」と答えてくれます。

図3.19: 笑点放送内容確認のやりとり

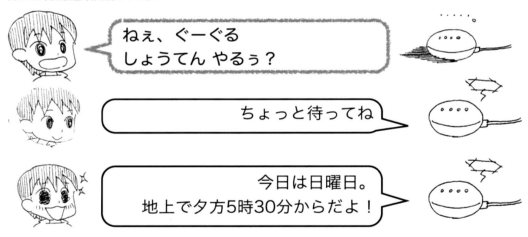

スクリプトとしては、曜日を取得してそれに応じた動作をします。急いで作ったので、放送データがハードコーディングされています。番組表APIなどを活用してメンテナンスフリーにしたいものです。もしくは、Googleスプレッドシートや NoSQL データベースなどに放送情報を登録しておいて、コード自体は改修しない作りにすることでメンテナンスがしやすくなるかと思います。また、放送時間が過ぎても同じ内容を返答するのですが、時間に応じた返しができ

---

5. 「今日」の息子語
6. 曜日によってはちょっと前の、かなり前の、と種別が色々あるのです

るとさらに喜んでくれると思います。

```
function toDayShowTen() {
  //現在の日本の日時から、曜日を取得する
  var whatsDayOfTheWeek = Utilities.formatDate(new Date(),
'Asia/Tokyo', "E");

  //発話する内容を」初期化する
  var msg = "";

  //曜日に応じて処理を分ける
  switch (whatsDayOfTheWeek){

  //日曜日の場合
  case 'Sun':
    msg = "今日は日曜日。地上で夕方5時30分からだよ！";
    break;
  //火曜日の場合
  case 'Tue':
    msg = "今日は火曜日。火曜懐かし版の日。ビーエスで夜7時からだよ！";
    break;

  //水曜日の場合
  case 'Wed':
    msg = "今日は水曜日。水曜懐かし版の日。ビーエスで夜7時からだよ！";
    break;

  //木曜日の場合
  case 'Thu':
    msg = "今日は木曜日。特大号の日。ビーエスで夜9時からだよ！";
    break;

  //上記どれにも該当しない場合
  default:
    msg = "今日はやらないよ～";
    break;
  }
  //呼び出してきた処理に、発話内容を返す
  return msg;
}
```

3.6 お楽しみ足し算ゲーム

　息子は、3歳になって1～2ヶ月後の春先ごろから迷路や形合わせ、数合わせなどへの興味が以前よりも強くなってきました。そして、毎日のように知育問題集（所謂、ドリル）やパズルを繰り返し楽しんでいます。

　そこで、少々先走ってはいますが、簡単な計算ができるようになった頃に遊んでもらうために、計算ゲームを実装しました。計算ゲームとは言っても、通常の足し算や掛け算ではなく、指定個数前の問題を回答する、Nバック課題[7]の計算ゲームです。このゲームは既にAlexaスキルとしてAmazon.co.jpで公開しています。

図 3.20: Amazon.co.jp の N バック計算問題初級編
(足し算) へのリンク

図 3.21: Amazon.co.jp の N バック計算問題中級編
(掛け算) へのリンク

7.3バック課題であれば、4問目が出題されたら1問目の回答をするというもの

3.7 失敗談

　これまでは、筆者が構築・開発した内容について説明してきました。ここからは、お伝えした各種内容の実装中に遭遇した失敗談を紹介します。

3.7.1 GASを修正しても反映されない！

　2章の「2.2.6 Google Apps Script（GAS）をWebhookとして使う」で説明した通り、GASをWebhookとして使用する場合は開発や修正が完了するたびにバージョンを最新化する必要があります。既存のバージョンを指定しても、修正した内容はWebアプリーケションとして公開はされず、何度やっても使用不可能（未反映）な状態です。しかし、このことに気がつくまで数日間頭を抱えていました。

　試行錯誤やWeb検索を繰り返した結果、「新規作成」を行うことで反映されることに気がつき、ことなきを得ました。この事例は、絶対に忘れないためにも、IFTTTから実行されるGASのコードの1行目にコメントとして記載しています。みなさんもお気をつけください。

3.7.2 緊急地震速報の放送機能が使えなくなる！

　「3.2.1 緊急地震速報が発報されたら放送する」のコード解説に記載通り、この機能は、TwitterのSteaming APIでつぶやきを取得して放送対象かを判定しています。このStreaming APIは機能停止・廃止される予定[8]です。廃止までに別の取得方法に置き換えることを検討し、実装する必要があります。今の所、代替策の検討ができていないため、大きな地震が来ないことを切に願うばかりです。

3.7.3 最後にミルクを飲んでからの経過時間が発話されない！

　妻から「最後のミルクの時間を聞くと、ごく稀に経過時間の箇所が"アンディファインド秒は～"と言われる」と伝えられました。調査をしてみると、なんてことはない初歩的なミスでした。経過時間が60分未満の場合に通る処理で使用している変数名が、発話内容を組み立てる際に使用している変数名と比較して、1文字足りないというものでした。開いた口が塞がらなく、代わりに変なものを捻じ込まれかねないミスでした。

3.7.4 Alexaスキルのリリース申請がなかなか通らない！

　Nバック課題の足し算ゲームリリースするまでに2回リジェクトされました。その時のリジェクト内容をまとめました。Amazonからいただいたご指摘に対して、やらかしてしまった理由などをまとめました。

---

8. 当初、2018年6月20日に機能停止・廃止予定でしたが時期未定の延期となりました。が、再度、2018年8月16日前後に廃止になることが発表になりました。

1回目

- 子ども向けのスキルであると申請していた
  - 学習コンテンツ、計算ゲームだったので子ども向けとしていました。当時は、Amazonの Alexaスキルのポリシーとしては13歳未満の子どもを対象にしたスキルの公開は認められていませんでした。（※2018年5月24日頃に日本国内でも子ども向け(16歳未満)を対象にしたスキル公開が認められるようになりました。）
- 「キャンセル」と話しかけても「すみません、よく聞き取れませんでした」と返されてしまう
  - AMAZON.CancelIntentにインテントを未定義でした。（ビルトインインテントのはずですが何も定義されていない。私が消してしまった……？）
  - キャンセルをするというテストケースが漏れていました

2回目

- サンプルフレーズに記号など余計なものが入っている
  - 利用者にわかるように、「（答えは）3」のように記載していましたが、「（答えは）」が余計でした
- 言い回しが異なるサンプル発話が不足している
  - 回答は数字だけ伝えれば良いと思っていたので、数字（スロット値：AMAOZN.NUMBER）のみを設定していました。指摘から「答えは……」「正解は……」「……です」といった言い回しを追加しました
- 複数のインテントに同一のサンプル発話が設定されている
  - AMAZON.CancelIntentとAMAZON.StopIntentに「やめる」という同一のサンプル発話を設定していました。1回目に頂いたご指摘の対応時に追加したのですが、AMAZON.StopIntent側を確認していなかったのが原因です

このようにAmazonは、詳細かつ改善ポイントを丁寧に伝えてくれます。その甲斐あってか、3回目の申請で無事にリリースできました

3.8　まとめ

本章では、以下について述べました。
- Google HomeやIFTTTなどを使った、子育てへの活用内容
- Amazon EchoやAWS IoT Enterpriseボタン、Amazon API Gatewayなどを使った子育てへの活用内容
- 構築・開発時の失敗談

第4章　スマートスピーカーを今後も活用しよう

　前章までは、今までスマートスピーカーを活用するために行ってきたことの解説でした。本章では、今後の展望について簡単に紹介します。

4.1　子どもの成長に合わせて機能を追加する

　本書で紹介した各種システム、機能は、娘が生まれて2ヶ月程度、息子が3歳になる直前に開発を始めました。それから約6ヶ月が経過し、子どもたちも日々成長しています。そんな子どもたちの成長に合わせて、スマートスピーカーも機能を追加して成長させる予定です。

　また、タカラトミーが国内販売を行っている、Cozmoというロボットとも連携させて遊びの幅を広げられたらと考えています。Raspberry Piとボタンを組み合わせて、簡単なゲームを作ってもよいでしょう。「お父さんが、おもちゃを作ってくれる、さらに良くしてくれる」こんな風に思ってもらえたら嬉しいものです。

4.2　かゆいところに手が届くような便利機能を拡充する

　これまでは、子育てや子どもに直接的・間接的に関係する機能追加を重点的に行っていました。これからは子育てとは別の視点で、生活に密着した機能を追加していきたいと考えています。スマートフォンやタブレット、パソコンを使わずともサクッと調べたり、処理や操作ができたりする機能を考えています。

　たとえば、SuicaやPASMOの物理カードを読み取り、残高を発声してくれれば事前にチャージをしなければと気づけます。こんな些細なことでも、便利な機能を追加することで自身のスキルアップにもなりますし、さらに愛着が湧くのではないかと思っています。

　また、緊急地震速報のみならず、天気の急変や通知すべき情報の発信なども取り組んでいきたいです。自分で登録、自分で取得の、POST型の機能だけでなく、天気が変わったなどのイベント発生によるPUSH型の機能も有用でしょう。

4.3　手を出していない領域と連携する

　本書をご覧になった方はすでにお気付きであると思いますが、現段階ではテレビや照明といった家電との連携について一切紹介していません。実際には必要に迫られて、テレビのつけ消しやチャンネルの切り替えなどは実装済みです。

　しかし、単にWi-Fiリモコンと連携してテレビをつけたり消したりするだけでは面白くない

と思っています。いや、面白いのですが先人の後追いだけではなく、プラスアルファをつけて昇華させたいのです。

　たとえば、利用者の真の目的は「スマートスピーカーに話しかけてテレビをつけたい」ではなく、スマートスピーカーに話しかけてテレビをつけて「番組を見たい」ことであると考えます。それを達成するにはいくつか課題がありますが、好きな番組、好きな放送局、好きなジャンル、好きな出演者といった情報をもとにその時点で一番点数の高い放送局を選曲してテレビをつければ、喜ばれるのではと考えます。

　また、気温や湿度といったセンサー類にも興味があります。これらの知見はありませんが挑戦してみたいと考えている領域でもあります。そして、センサー類とスマートスピーカーをどう組み合わせていくかを考えるのも楽しくなっています。

4.4　そして……

　この本をお読み頂いた方々と、意見交換や作ったものの発表・共有会などをしてみたいです。そういった機会があれば、積極的に参加していきたいと考えていますのでお声がけいただけたら幸いです。

付録

　本書でご紹介したAlexaスキルとその関連スクリプトのサンプルです。動作確認はしていますが、一部のインテントやサンプル発話などを設定していないので、必要に応じて改造してください。Alexaスキル対話モデルは、AlexaスキルのJSONエディターでご利用ください。

　AWS Lambda側のスクリプトについては、関数の作成時に「設計図」を選択して、NodeJsのAlexa-SDKが内包された状態でご利用ください。

A.1　ミルクの記録サンプル

A.1.1　Alexaスキル 対話モデル

```
{
  "interactionModel": {
    "languageModel": {
      "invocationName": "ミルクの記録",
      "intents": [
        {
          "name": "AMAZON.CancelIntent",
          "samples": []
        },
        {
          "name": "AMAZON.HelpIntent",
          "samples": []
        },
        {
          "name": "AMAZON.StopIntent",
          "samples": []
        },
        {
          "name": "capacityIntent",
          "slots": [
            {
              "name": "capacity",
              "type": "AMAZON.NUMBER"
            }
          ],
          "samples": [
```

```
          "{capacity} 飲んだよ",
          "{capacity} CC",
          "{capacity} ミリリットル",
          "{capacity}",
          "{capacity} ミリリットル飲んだよ"
        ]
      },
      {
        "name": "todayMilkIntent",
        "slots": [],
        "samples": [
          "今日の量を教えて",
          "今日はどのくらいミルクを飲んだのか教えて",
          "今日のミルクを教えて",
          "今日のミルク"
        ]
      },
      {
        "name": "lastMilkIntent",
        "slots": [],
        "samples": [
          "最後のミルクはいつ",
          "最後のミルクを教えて",
          "最後にミルクを飲んだのはいつ",
          "最後のミルク"
        ]
      }
    ],
    "types": []
  }
 }
}
```

A.1.2　AWS Lambda 側

```
'use strict';
const Alexa = require('alexa-sdk');
const AWS = require('aws-sdk');
const dynamo = new AWS.DynamoDB();
const dynamoDC = new AWS.DynamoDB.DocumentClient();
const tableName="milkRecord";
```

```javascript
var message = "";

var handlers = {
  'LaunchRequest': function () {
    this.emit(':ask', this.t("〇〇ミリリットル飲んだよ、とか、最後のミルクを教えて、
と伝えてください。"));
  },
  'capacityIntent': function () {
    var today = getDateTime();
    var milkCapa = this.event.request.intent.slots.capacity.value;

    const params = {
      TableName: tableName,
      Item: {
        "PK_DATE": {
          "N": today
        },
        "AMOUNT": {
          "N": milkCapa
        }
      }
    };
    var self=this;
    dynamo.putItem(params, function(err, data) {
      if (err) {
        console.error("Error occured", err);
        message = "記録に失敗しました。少し待ってから試してください";
      }else{
        console.log(data);
        message = "ミルクを"+milkCapa+"ミリリットルですね。お疲れ様です。";
      }
      self.emit(':tell', message);
    });
  },
  'lastMilkIntent': function() {
    //var today = getDateTime();
    var scanParam = {
      TableName : tableName
    };
    var self=this;
    dynamoDC.scan(scanParam, function(error, data){
```

```javascript
      if(error){
        console.log(error);
        message = "取得に失敗しました。少し待ってから試してください";
      }else{
        if (data.Count > 0){
          var nursingTimes = data.Count;
          var nursingDateTmp = 0;
          var lastNursingCount = 0;
          for (var i=0; i<nursingTimes-1; i++){
            if (nursingDateTmp < data.Items[i].PK_DATE) {
              nursingDateTmp = data.Items[i].PK_DATE;
              lastNursingCount = i;
            }
          }
          var lastMilkQua = data.Items[lastNursingCount].AMOUNT;
          //最後のミルクの時刻と経過時刻を取得
          //経過時刻
          var distLastMilkTime ="";
          var today = getDateTime();
          var lastMilkTimeSec =
data.Items[lastNursingCount].PK_DATE;
          var lastMilkTimeTmp = new Date(lastMilkTimeSec*1000);
          lastMilkTimeTmp.setTime(lastMilkTimeTmp.getTime() +
1000*60*60*9);// JSTに変換
          var lastMilkTime = ""+lastMilkTimeTmp.getHours()+"
時"+lastMilkTimeTmp.getMinutes()+"分";
          var dstMilSec = today - lastMilkTimeSec;
          var dstTmpMin = Math.floor(dstMilSec / 60); //経過時間全体を
分で取得
          if (dstTmpMin > 60 ){ //経過時間全体が60分以上であるか
            var dstHour = Math.floor(dstTmpMin / 60); //x時間を取得
             var distMin = dstTmpMin - (dstHour * 60); //x時間を分に
戻して、経過時間全体から減算して分を取得。
            distLastMilkTime = dstHour + "時間 " + distMin + "分、経
過しています。";
          }else{
            distLastMilkTime = dstTmpMin+"分、経過しています。";
          }
           message = "最後にミルクを飲んだのは、"+ lastMilkTime +"です。"+
distLastMilkTime +"量は"+ lastMilkQua +"ミリリットル でした。";
        }else{
          message = "記録がありません。記録してから聞いてくださいね。";
```

```
        }
      }
      self.emit(':tell', message);
    });
  },
  'todayMilkIntent': function(){
    var today = getDateTime("today");
    var scanParam = {
      TableName : tableName,
      FilterExpression : "PK_DATE >= :val",
      ExpressionAttributeValues : {":val" : Number(today)}
    };
    var self=this;
    dynamoDC.scan(scanParam, function(error, data){
      if(error){
        console.log(error);
        message = "取得に失敗しました。少し待ってから試してください";
      }else{
        if (data.Count > 0){
          var nursingTimes = data.Count;
          var nursingQua = 0;
          for (var i=0; i<nursingTimes-1; i++){
            nursingQua = nursingQua + data.Items[i].AMOUNT;
          }
          var nursingQuaAvg = Math.floor(nursingQua /
nursingTimes);
          message = "今日は" + nursingTimes + "回飲みました。 。合計は"+
nursingQua + "ミリリットル、平均は"+nursingQuaAvg+"ミリリットルです";
        }else{
          message = "今日は記録がありません。記録してから聞いてくださいね";
        }
      }
      self.emit(':tell', message);
    });

  },
  'SessionEndedRequest': function() {
  }
};

exports.handler = function(event, context, callback) {
  var alexa = Alexa.handler(event, context, callback);
```

```javascript
  alexa.resources = languageString;
  alexa.registerHandlers(handlers);
  alexa.execute();
};

function getDateTime(format) {
  // 現在時刻の取得
  // 現在時刻をコンピュータで扱いやすいエポックタイムで取得する
  var dt = new Date();
  var ut = "";
  var utMill = "";
  if(!format){
    utMill = dt.getTime();
  }
  if(format=="today"){
    dt.setTime(dt.getTime() + 1000*60*60*9);// JSTに変換
    var utYear = dt.getFullYear();
    var utMonth = dt.getMonth();
    var utDay = dt.getDate();
    utMill = new Date(utYear, utMonth, utDay, -9);
  }
  ut = Math.floor(utMill / 1000 );
  return ut.toString();
}
```

A.2　トイレの記録サンプル

A.2.1　Alexaスキル 対話モデル

```json
{
  "interactionModel": {
    "languageModel": {
      "invocationName": "トイレの記録",
      "intents": [
        {
          "name": "AMAZON.CancelIntent",
          "samples": []
        },
        {
          "name": "AMAZON.HelpIntent",
          "samples": []
```

```
    },
    {
      "name": "AMAZON.StopIntent",
      "samples": []
    },
    {
      "name": "check",
      "slots": [],
      "samples": [
        "結果を教えて",
        "確認する",
        "チェックする",
        "チェックしたい",
        "チェック",
        "確認したい",
        "確認"
      ]
    },
    {
      "name": "soto",
      "slots": [],
      "samples": [
        "外でトイレ行けたよ",
        "外でできた",
        "外"
      ]
    },
    {
      "name": "uchi",
      "slots": [],
      "samples": [
        "お家でトイレできたよ",
        "いえ",
        "家",
        "ウチ",
        "内",
        "うち"
      ]
    }
  ],
  "types": []
}
```

```
    }
}
```

A.2.2　AWS Lambda 側

```
'use strict';
const Alexa = require('alexa-sdk');
const AWS = require('aws-sdk');
const dynamo = new AWS.DynamoDB();
const dynamoDC = new AWS.DynamoDB.DocumentClient();
const tableName="toiletTraining";

//発話用の変数を初期化する
var message = "";

const messageList = {
  messages: [
    {content: "すっごーい！"},
    {content: "今日も上手にできたねー！"},
    {content: "その調子！その調子！！"},
    {content: "いいね！いいね！！"},
    {content: "頑張れ！頑張れ！！"}
  ]
};

var handlers = {
  'LaunchRequest': function () {
    this.emit('check');
  },
  'check': function() {
    var today = getDateTime("today");
    var scanParam = {
      TableName : tableName,
      FilterExpression : "PK_DATE >= :val",
      ExpressionAttributeValues : {":val" : Number(today)}
    };
    var self=this;
    dynamoDC.scan(scanParam, function(error, data){
      if(error){
        console.log(error);
        message = "取得に失敗しました。少し待ってから試してください";
```

90 付録

```javascript
        }else{
          message = "今日は、";
          if (data.Count > 0){
            var uchi = 0;
            var soto =0;
            for (var i=0; i<data.Count-1; i++){
              uchi = uchi + data.Items[i].UCHI;
              soto = soto + data.Items[i].SOTO;
            }
            if (uchi > 0){
              message = message + "おうちで" + uchi + "回。できました。";
            }
            if (soto > 0){
              message = message + "おそとで" + soto + "回。できました。";
            }
          }else{
            message = message+"記録がありません。記録してから聞いてくださいね";
          }
        }
          self.emit(':tell', message);
      });
  },
  'uchi': function () {
    var today = getDateTime();
    const params = {
      TableName: tableName,
      Item: {
        "PK_DATE": {
          "N": today
        },
        "UCHI": {
          "N": '1'
        },
        "SOTO": {
          "N": '0'
        }
      }
    };
    var self=this;
    dynamo.putItem(params, function(err, data) {
      if (err) {
        console.error("Error occured", err);
```

付録　91

```javascript
        message = "記録に失敗しました。少し待ってから試してください";
      }else{
        console.log(data);
        var tmp = Math.floor( Math.random() * 5 );
        message = "おうちでトイレできたんだねー！"
+messageList.messages[tmp].content;
      }
      self.emit(':tell', message);
    });
  },
  'soto': function() {
    var today = getDateTime();
    const params = {
      TableName: tableName,
      Item: {
        "PK_DATE": {
          "N": today
        },
        "UCHI": {
          "N": '0'
        },
        "SOTO": {
          "N": '1'
        }
      }
    };
    var self=this;
    dynamo.putItem(params, function(err, data) {
    if (err) {
      console.error("Error occured", err);
      message = "記録に失敗しました。少し待ってから試してください";
    }else{
      console.log(data);
      var tmp = Math.floor( Math.random() * 5 );
      message = "おそとでトイレできたんだ
ねー！"+messageList.messages[tmp].content;
    }
      self.emit(':tell', message);
    });
  },
  'SessionEndedRequest': function() {
  }
```

```javascript
};

exports.handler = function(event, context, callback) {
  var alexa = Alexa.handler(event, context, callback);
  alexa.registerHandlers(handlers);
  alexa.execute();
};

function getDateTime(format) {
    // 現在時刻の取得
    // 現在時刻をコンピュータで扱いやすいエポックタイムで取得する
    var dt = new Date();
    var ut = "";
    var utMill = "";
    if(!format){
        utMill = dt.getTime();
    }
    if(format=="today"){
        dt.setTime(dt.getTime() + 1000*60*60*9);// JSTに変換
        var utYear = dt.getFullYear();
        var utMonth = dt.getMonth();
        var utDay = dt.getDate();
        utMill = new Date(utYear, utMonth, utDay, -9);
    }
    ut = Math.floor(utMill / 1000 );
    return ut.toString();
}
```

A.3　AWS IoT EnterpriseボタンによるDynamoDBへの書き込みサンプル

```javascript
'use strict';
const AWS = require('aws-sdk');
const dynamo = new AWS.DynamoDB();
const tableName='toiletTraining';

exports.handler = function(event, context, callback) {
  var dt = new Date();
  var ms = dt.getTime();
  var today = Math.floor(ms / 1000).toString();
  const params = {
```

```
    TableName: table
    Item: {
      "PK_DATE": {
        "N": today
        },
      "UCHI": {
        "N": '1'
        },
        "SOTO": {
          "N": '0'
        }
      }
    };
  dynamo.putItem(params, function(err, data) {
    if (err) {
      console.error("Error occured", err);
    }else{
      c onsole.log(data);
      }
  });
}
```

A.4　お外トイレ登録サンプル

A.4.1　Alexa スキル 対話モデル

```
{
  "interactionModel": {
    "languageModel": {
      "invocationName": "お外",
      "intents": [
        {
          "name": "AMAZON.CancelIntent",
          "samples": []
        },
        {
          "name": "AMAZON.HelpIntent",
          "samples": []
        },
        {
          "name": "AMAZON.StopIntent",
```

```
          "samples": []
        },
        {
          "name": "record",
          "slots": [],
          "samples": [
            "オシッコ行ったよ",
            "トイレ行ったよ",
            "行ったよ",
            "行けたよ",
            "トイレ行けたよ",
            "オシッコできたよ",
            "おしっこできたよ",
            "トイレできたよ"
          ]
        }
      ],
      "types": []
    }
  }
}
```

A.4.2　AWS Lambda 側

```
'use strict';
const AWS = require('aws-sdk');
const Alexa = require('alexa-sdk');
const dynamo = new AWS.DynamoDB();
const tableName='toiletTraining';

const messageList = {
  messages: [
    {content: "すっごーい！"},
    {content: "今日も上手にできたねー！"},
    {content: "その調子！その調子！！"},
    {content: "いいね！いいね！！"},
    {content: "頑張れ！頑張れ！！"}
  ]
};


var handlers = {
```

```javascript
    'LaunchRequest': function () {
      this.emit(':ask', this.t("トイレ行けたよ、と言ってね。"));
    },
    'record': function () {
      var message ="";
      var dt = new Date();
      var ms = dt.getTime();
      var today = Math.floor(ms / 1000).toString();
      const params = {
        TableName: tableName,
        Item: {
          "PK_DATE": {
            "N": today
          },
          "SOTO": {
            "N": '1'
          },
          "UCHI": {
            "N": '0'
          }
        }
      };
      var self=this;
      dynamo.putItem(params, function(err, data) {
        if (err) {
          console.error("Error occured", err);
          message = "ごめんね。記録にできなかったよ。少し待ってからまた伝えてね。";
        }else{
          console.log(data);
          var tmp = Math.floor( Math.random() * 5 );
          message = messageList.messages[tmp].content;
        }
        self.emit(':tell', message);
      });
    },
      'SessionEndedRequest': function() {
    }
};

exports.handler = function(event, context, callback) {
  var alexa = Alexa.handler(event, context, callback);
  alexa.registerHandlers(handlers);
```

```
    alexa.execute();
};
```

A.5　登録されているメッセージを聞き出すサンプル

A.5.1　Alexaスキル 対話モデル

```
{
  "interactionModel": {
    "languageModel": {
      "invocationName": "どこにいるのか",
      "intents": [
        {
          "name": "AMAZON.CancelIntent",
          "samples": [
            "キャンセル"
          ]
        },
        {
          "name": "AMAZON.HelpIntent",
          "samples": [
            "ヘルプ"
          ]
        },
        {
          "name": "AMAZON.StopIntent",
          "samples": [
            "おしまい"
          ]
        },
        {
          "name": "AMAZON.MoreIntent",
          "samples": [
            "もっと"
          ]
        },
        {
          "name": "AMAZON.NavigateHomeIntent",
          "samples": [
            "ホーム"
          ]
```

付録 | 97

```json
    },
    {
      "name": "AMAZON.NavigateSettingsIntent",
      "samples": [
        "設定"
      ]
    },
    {
      "name": "AMAZON.NextIntent",
      "samples": [
        "次"
      ]
    },
    {
      "name": "AMAZON.PageUpIntent",
      "samples": [
        "上"
      ]
    },
    {
      "name": "AMAZON.PageDownIntent",
      "samples": []
    },
    {
      "name": "AMAZON.PreviousIntent",
      "samples": [
        "戻る"
      ]
    },
    {
      "name": "AMAZON.ScrollRightIntent",
      "samples": [
        "右"
      ]
    },
    {
      "name": "AMAZON.ScrollDownIntent",
      "samples": [
        "下がって"
      ]
    },
    {
```

```
                "name": "AMAZON.ScrollLeftIntent",
                "samples": [
                  "左"
                ]
            },
            {
                "name": "AMAZON.ScrollUpIntent",
                "samples": [
                  "上がって"
                ]
            }
        ],
        "types": []
    }
  }
}
```

A.5.2　AWS Lambda 側

```
'use strict';
const Alexa = require('alexa-sdk');
const AWS = require ('aws-sdk');
const dynamo = new AWS.DynamoDB();
const dynamoDC = new AWS.DynamoDB.DocumentClient();
const tableName="dokokana";

const videoList = {
  train : 'XXXXXXXXXX',
  bus : 'XXXXXXXXXX',
  shinkansen : 'XXXXXXXXXX',
  taxi : 'XXXXXXXXXX',
  airplain : 'XXXXXXXXXX',
  subway : 'XXXXXXXXXX',
  noTrans : 'XXXXXXXXXX'
};

var message = "";
var transportation = "";
var video = "";

const handlers = {
```

```javascript
'LaunchRequest': function () {

  var scanParam = {
    TableName : tableName
  };
  var self=this;
  dynamoDC.scan(scanParam, function(error, data){
    if(error){
      console.log(error);
      message = "取得に失敗しました。少し待ってから試してください";
    }else{
      if (data.Count > 0){
      transportation = data.Items[0].transportation;
      message = data.Items[0].comment;
      switch (transportation) {
        case "train":
          video = videoList.train;
          break;
        case "bus":
          video = videoList.bus;
          break;
        case "shinkansen":
          video = videoList.shinkansen;
          break;
        case "taxi":
          video = videoList.taxi;
          break;
        case "airplain":
          video = videoList.airplain;
          break;
        case "subway":
          video = videoList.subway;
          break;
        case "noTrans":
          video = videoList.noTrans;
          break;
        default:
          break;
      }
      if
(self.event.context.System.device.supportedInterfaces.VideoApp) {
        self.response.playVideo(video);
```

```
      }
    }else{
      message = "情報が見つかりませんでした。";
    }
  }
  self.response.speak(message);
  self.emit(':responseReady');
  });
},
  'SessionEndedRequest': function () {
  }
};

exports.handler = function (event, context, callback) {
  const alexa = Alexa.handler(event, context, callback);
  alexa.registerHandlers(handlers);
  alexa.execute();
};
```

A.6　APIGatewayを経由しDynamoDBへ書き込むHTMLフォーム例

```
<HTML>
<HEAD>
<TITLE>居場所登録</TITLE>
</HEAD>
<BODY>
<FORM accept-charset="UTF-8" action="API GatewayのURL"
method="POST">
<input type="hidden" name="id" value=1>
交通手段：<select name="transportation">
<option value="train">電車</option>
<option value="bus">バス</option>
</select>
伝言内容：<input type="text" name="comment" value="帰るよー">
<input type="submit" value="送信">
</form>
</BODY>
</HTML>
```

あとがき

　スマートスピーカーの子育てへの活用事例はいかがだったでしょうか。子育てに限らず皆様のスマートスピーカーライフの一助となれば幸いです。

　筆者は現在の所属先に入社後、品質保証部でエンタープライズ向けのシステム管理ソフトウェアの製品検査およびユーザーサポートに従事していました。その後、同ソフトウェアの開発部署へ異動し、品質設計チームで品質設計やユースケース設計、ユーザビリティテストなどをクォリティエンジニアとして携わってきました。その経験から、実際に利用するユーザー（家族）の使い勝手やニーズを中心に、各システムを作りました。

　こう書くと堅苦しいですが、要は「使う人が喜んでくれるものを作りたい」という気持ちで作ったのが現在のシステムです。もし、皆さんも本書をきっかけにご家族に向けて何かを作る際には、そういった気持ちで取り組んでもらえたら嬉しいです。

　最後まで読んでくださって、ありがとうございました。

2018 年 5 月 27 日

長村ひろ

Special Thanks
・この本を手にとってくださった皆様
・スマートスピーカースキル・機能開発でサポートしてくださった皆様
・インフラ勉強会の皆様
・JAWS-UG 各支部の皆様
・はじめての執筆活動を支えてくれた家族のみんな

著者紹介

長村 ひろ（ながむら ひろ）

エンタープライズ向けシステム管理ソフトウェアの製品検査・サポートに従事後、開発部署に異動。品質設計チームで品質設計やユースケース設計、ユーザビリティーテストなどクオリティエンジニアとして活動。現在は、クラウドエンジニアとしての業務の傍ら、AWSユーザグループの運営にも携わっている。

◎本書スタッフ
アートディレクター/装丁：岡田章志＋GY
表紙イラスト：Mitra
表紙イラスト・アートディレクション：itopoid
本文イラスト：Ryo（@ryo_menthol）
本文サポートメンバー：内山佑樹（@yu_RI_rita）、みず（@Mizmiz1229Xx）
編集協力：飯嶋玲子
デジタル編集：栗原 翔

技術の泉シリーズ・刊行によせて
技術者の知見のアウトプットである技術同人誌は、急速に認知度を高めています。インプレスR&Dは国内最大級の即売会「技術書典」（https://techbookfest.org/）で頒布された技術同人誌を底本とした商業書籍を2016年より刊行し、これらを中心とした『技術書典シリーズ』を展開してきました。2019年4月、より幅広い技術同人誌を対象とし、最新の知見を発信するために『技術の泉シリーズ』へリニューアルしました。今後は「技術書典」をはじめとした各種即売会や、勉強会・LT会などで頒布された技術同人誌を底本とした商業書籍を刊行し、技術同人誌の普及と発展に貢献することを目指します。エンジニアの"知の結晶"である技術同人誌の世界に、より多くの方が触れていただくきっかけになれば幸いです。

株式会社インプレスR&D
技術の泉シリーズ　編集長 山城 敬

●お断り
掲載したURLは2018年6月1日現在のものです。サイトの都合で変更されることがあります。また、電子版ではURLにハイパーリンクを設定していますが、端末やビューアー、リンク先のファイルタイプによっては表示されないことがあります。あらかじめご了承ください。
●本書の内容についてのお問い合わせ先
株式会社インプレスR&D　メール窓口
np-info@impress.co.jp
件名に『本書名』問い合わせ係」と明記してお送りください。
電話やFAX、郵便でのご質問にはお答えできません。返信までには、しばらくお時間をいただく場合があります。なお、本書の範囲を超えるご質問にはお答えしかねますので、あらかじめご了承ください。
また、本書の内容についてはNextPublishingオフィシャルWebサイトにて情報を公開しております。
https://nextpublishing.jp/

●落丁・乱丁本はお手数ですが、インプレスカスタマーセンターまでお送りください。送料弊社負担 でお取り替えさせていただきます。但し、古書店で購入されたものについてはお取り替えできません。
■読者の窓口
インプレスカスタマーセンター
〒 101-0051
東京都千代田区神田神保町一丁目 105 番地
TEL 03-6837-5016／FAX 03-6837-5023
info@impress.co.jp
■書店／販売店のご注文窓口
株式会社インプレス受注センター
TEL 048-449-8040／FAX 048-449-8041

技術の泉シリーズ
子どもと育てるスマートスピーカー

2018年7月13日　初版発行Ver.1.0（PDF版）
2019年4月5日　　Ver.1.1

著　者　長村 ひろ
編集人　山城 敬
発行人　井芹 昌信
発　行　株式会社インプレスR&D
　　　　〒101-0051
　　　　東京都千代田区神田神保町一丁目105番地
　　　　https://nextpublishing.jp/
発　売　株式会社インプレス
　　　　〒101-0051　東京都千代田区神田神保町一丁目105番地

●本書は著作権法上の保護を受けています。本書の一部あるいは全部について株式会社インプレスR&Dから文書による許諾を得ずに、いかなる方法においても無断で複写、複製することは禁じられています。

©2018 Hiro Nagamura. All rights reserved.
印刷・製本　京葉流通倉庫株式会社
Printed in Japan

ISBN978-4-8443-9833-2

NextPublishing®
●本書はNextPublishingメソッドによって発行されています。
NextPublishingメソッドは株式会社インプレスR&Dが開発した、電子書籍と印刷書籍を同時発行できるデジタルファースト型の新出版方式です。https://nextpublishing.jp/

2. ブレッドボード付近にある光源を離す
3. 再度信号の記録を実施

このエラーは赤外線受光素子の近くに**光源**がある際に出ることがあります。光源を離しても引き続きこのエラーが出る場合は、設置場所を変えて再度試してみて下さい。

B.2　失敗例２：If you have a regular remote for e.g., a TV...

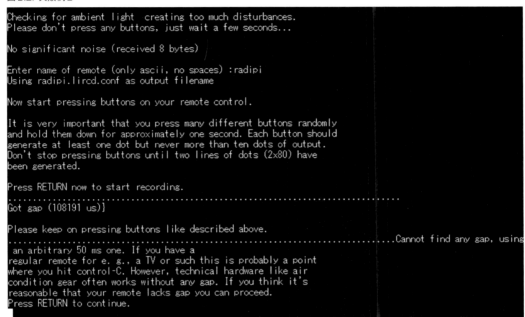

図B.2: 失敗例２

1. Ctrl+Cで停止
2. リモコンのメーカーコードを別のものに変更
3. 再度信号の記録を実施

基本的に、テレビリモコンではなくエアコンのリモコンなどを使用した際に出てくるエラーですが、指定したテレビリモコンでも出てくる場合があります。大半のメーカーコードでは発生しないエラーのため、リモコンのメーカーコードを変更して再度信号記録を行いましょう。

B.3 失敗例3：Please try again.(XX retries left)

図 B.3: 失敗例3

```
Please keep on pressing buttons like described above.
.................................................................Cannot find
 an arbitrary 50 ms one. If you have a
regular remote for e. g., a TV or such this is probably a point
where you hit control-C. However, technical hardware like air
condition gear often works without any gap. If you think it's
reasonable that your remote lacks gap you can proceed.
Press RETURN to continue.


Please enter the name for the next button (press <ENTER> to finish recording)
volup

Now hold down button "volup".
Something went wrong: Cannot decode data
Please try again. (28 retries left)

Now hold down button "volup".
Something went wrong: Cannot decode data
Please try again. (27 retries left)

Now hold down button "volup".
Something went wrong: Cannot decode data
Please try again. (26 retries left)

Now hold down button "volup".
Something went wrong: Cannot decode data
Please try again. (25 retries left)

Now hold down button "volup".
Something went wrong: Cannot decode data
Please try again. (24 retries left)
```

1．Ctrl+Cで停止
2．（リモコンのメーカーコードを変更）
3．再度実行

本書で紹介するエラーの中で**一番発生しやすい**エラーですが、発生原因が明確に分かっていない厄介なエラーです。

かなり終盤に出てやり直しとなるため結構ダメージが大きいのですが、強い気持ちを持って再度チャレンジしてみましょう。

付録C　radiberry pi!パラメータシート

　radiberry pi!構築手順では様々な設定値を決める必要があります。しばらくして設定値を忘れてメンテナンスが出来なくなる可能性もある[1]ため、設定値をパラメータシートにまとめてみました。

図C.1: radiberry pi!パラメータシート

基本手順
| [2.4.1] rootパスワード | [2.4.2] radiberry pi!ユーザパスワード | [2.4.3] 旧piユーザパスワード |

設置形態
| [3.3.2/3.4] IPアドレス | [3.5] SSHポート番号 |

再生データ
[5.3] ドライブのマウントポイント
/mnt/_____

制御方法
| [8.2] GPIO入力ピン番号 | [8.3] リモコンのメーカーコード |

音声出力
[9.2] BluetoothスピーカーのMACアドレス

定期実行
| [10.2.2] Jenkinsユーザ名 | [10.2.2] Jenkinsパスワード |

---

1. 実話です。

付録C　radiberry pi!パラメータシート　　97

あとがき

　「技術同人誌」という存在を初めて知ったのが2017年の春。それから大雨の中キャリーバッグを引き、秋葉原UDXで自分の技術同人誌を売ったのが2017年9月。そして、「技術書典シリーズ」のひとつとして本書を上梓しているのが今年の10月。まさか本を出す経験をするとは思ってもいませんでした。

　本書は、Linuxが何も出来なかった私の成長の記録でもあります。今でこそネットワーク接続やユーザ設定辺りはさほど苦労せず出来るようになりましたが、当時はGoogleで延々調べて、大概上手く行かず数日寝かしてまた調べ直して…の繰り返しでした。
　やりたいことを見つけてはGoogleと格闘する日々は今も変わらず続いていますが、その側にはradiberry pi!で流すラジオや音楽があるというのは僅かながらも大きな進歩だと思っています。

　旧くからの友人2人によるサポート無くして、本書を完成させることは出来ませんでした。「テレビリモコンでの操作」「ラジオタイムテーブルの作成・読み込み」という大変重要なアイデアをくれたzk_phi(@zk_phi)、そして初めての技術同人誌頒布（技術書典3）の売り子やリポジトリ環境、その他色々なことを気にかけてくれたやまんだー(@ymnd)の両氏に感謝します。そして、底本となる技術同人誌に目を通し、技術書典シリーズにお声掛け頂いたインプレスR&Dの山城編集長に感謝申し上げます。

　「26歳原点説」という俗説を密かに信じている私にとって、エンジニアに向けた技術書を、それも大好きなラジオに関する本を書き上げるという経験は本当に貴重なものでした。

　この本により、使われていなかったraspberry piがひとつでも多く稼働し、そして一人でも多くの人がラジオを聴くきっかけとなれば幸いです。

著者紹介

木田原 侑 (きだわら ゆう)

ラジオをこよなく愛するエンジニア。1992年奈良県生まれ。とある工科大学を卒業後SIer
に入社したものの、業務とは何の関係もないRaspberry Piをきっかけにエンジニアとして
の自覚を持ち始める。およそ2年間を費やしradiberry pi!環境を構築し、その構築手順にラ
ジオコラムをねじ込んだ技術同人誌を技術書典3,4で頒布。一番慣れ親しんだ言語はシェル
スクリプト。物心ついた頃からのTBSラジオ晶屓で、隙あらば周囲の人にラジオの布教を
行っている。

◎本書スタッフ
アートディレクター/装丁：岡田章志＋GY
表紙イラスト：Mitra
編集協力：飯嶋玲子
デジタル編集：栗原 翔

技術の泉シリーズ・刊行によせて
技術者の知見のアウトプットである技術同人誌は、急速に認知度を高めています。インプレスR&Dは国内最大級の即
売会「技術書典」(https://techbookfest.org/)で頒布された技術同人誌を底本とした商業書籍を2016年より刊行
し、これらを中心とした『技術書典シリーズ』を展開してきました。2019年4月、より幅広い技術同人誌を対象と
し、最新の知見を発信するために『技術の泉シリーズ』へリニューアルしました。今後は「技術書典」をはじめとし
た各種即売会や、勉強会・LT会などで頒布された技術同人誌を底本とした商業書籍を刊行し、技術同人誌の普及と発
展に貢献することを目指します。エンジニアの"知の結晶"である技術同人誌の世界に、より多くの方が触れていた
だくきっかけになれば幸いです。

株式会社インプレスR&D
技術の泉シリーズ 編集長 山城 敬

●お断り
掲載したURLは2018年9月1日現在のものです。サイトの都合で変更されることがあります。また、電子版ではURL
にハイパーリンクを設定していますが、端末やビューアー、リンク先のファイルタイプによっては表示されないこと
があります。あらかじめご了承ください。
●本書の内容についてのお問い合わせ先
株式会社インプレスR&D　メール窓口
np-info@impress.co.jp
件名に『本書名』問い合わせ係」と明記してお送りください。
電話やFAX、郵便でのご質問にはお答えできません。返信までには、しばらくお時間をいただく場合があります。な
お、本書の範囲を超えるご質問にはお答えしかねますので、あらかじめご了承ください。
また、本書の内容についてはNextPublishingオフィシャルWebサイトにて情報を公開しております。
https://nextpublishing.jp/

●落丁・乱丁本はお手数ですが、インプレスカスタマーセンターまでお送りください。送料弊社負担 にてお取り替え
させていただきます。但し、古書店で購入されたものについてはお取り替えできません。
■読者の窓口
インプレスカスタマーセンター
〒 101-0051
東京都千代田区神田神保町一丁目 105 番地
TEL 03-6837-5016／FAX 03-6837-5023
info@impress.co.jp
■書店／販売店のご注文窓口
株式会社インプレス受注センター
TEL 048-449-8040／FAX 048-449-8041

技術の泉シリーズ
ラズパイでラジオを聞く！"radiberry pi!" 構築マニュアル

2018年11月16日　初版発行Ver.1.0（PDF版）
2019年4月5日　　Ver.1.1

著　者　木田原 侑
編集人　山城 敬
発行人　井芹 昌信
発　行　株式会社インプレスR&D
　　　　〒101-0051
　　　　東京都千代田区神田神保町一丁目105番地
　　　　https://nextpublishing.jp/
発　売　株式会社インプレス
　　　　〒101-0051　東京都千代田区神田神保町一丁目105番地

●本書は著作権法上の保護を受けています。本書の一部あるいは全部について株式会社インプレスR
＆Dから文書による許諾を得ずに、いかなる方法においても無断で複写、複製することは禁じられてい
ます。

©2018 Yu Kidawara. All rights reserved.
印刷・製本　京葉流通倉庫株式会社
Printed in Japan

ISBN978-4-8443-9842-4

NextPublishing®

●本書はNextPublishingメソッドによって発行されています。
NextPublishingメソッドは株式会社インプレスR&Dが開発した、電子書籍と印刷書籍を同時発行できる
デジタルファースト型の新出版方式です。https://nextpublishing.jp/